3年後，你的工作還在嗎？

掌握關鍵職能，迎向工匠、總管與行腳商人的時代！

姚詩豪・張國洋 合著

作者序

三年一變，職涯之路別迷航！

記得很小的時候，家裡有一台 SONY 的落地式電視，它是那種附有拉門，並且靠旋鈕來轉台的骨董機種。那時台灣是個只有三家電視台，而且得靠屋頂天線收訊的年代。

那台電視從我出生起，一直用到我十五歲搬家為止。

一台電視能用這麼久，除了當時的產品真的牢靠耐用外，十年間技術變化有限也是原因。市面上其他電視除了造型與尺寸外，也幾乎沒什麼差異。不只是電視，當時家裡用的電鍋、洗衣機、冰箱、電風扇也都是如此。

在那時代，同一樣產品連續賣好幾年並讓使用者用個十數年並不誇張。

可是曾幾何時，這狀況不一樣了，不但產品的生命週期越來越短，連商業模式的生命週期也大幅縮減。以電視而言，最近這十年之間，映像管迅速變成平面的電視不說，才沒幾年解析度又開始推陳出新。Full HD記得才剛聽說，4K解析度的產品已經開始在市場上推廣。其他如3D功能、上網功能、APP安裝、連結手機平板，各類新功能更是讓人看的眼花撩亂。

而手機、相機等3C產品的生命週期則更短，常常每半年就有新產品問世。這樣快速的產品變遷，也連帶讓一個產業一眨眼就是一個起落。手機王者Nokia

在二〇〇〇年時市值曾經達到麥當勞與可口可樂的水準，但因為沒跟上觸控手機的趨勢，在二〇一三年底黯然賣給了微軟。Blackberry 的黑莓機在二〇〇五年前後也曾經主導市場地位，全盛期全美政府官員與企業主管幾乎全部使用它們的產品，但也是一步走錯，到了二〇一四年，整個市占率竟然已剩下不到百分之一！

產業變化快速，職涯穩定度不再

這代表什麼？

這代表產業變遷是前所未有的快速，連帶的，這也造成我們的職涯穩定度越來越低。在我們父母那一代，一份工作有可能連續做二十年都沒有變化，但從二〇〇〇年前後開始，端看 Nokia、Motorola、Blackberry 等企業的發展先例，職業穩定度恐怕已縮減到十年為一個週期了。可是放眼未來，這週期卻可能變得更短，也就是說，接下來每三到五年就有可能要面臨一次產業結構、商業模式、甚至是公司經營方向的變革。公司未必會消失，但我們的職位及工作內容卻可能被迫因應大勢而產生變化。

舉例而言，Apple的App Store平台發展自二〇〇八年七月，到了二〇〇九年底，芬蘭的Rovio公司憑藉Angry Bird這套遊戲在App Store上大放異彩。接下來的兩年間，App開發儼然成為顯學，一時之間各路好手相繼跳入這片紅海中廝殺，深怕慢了一步就錯過了行動App的浪潮。

但如同湯瑪斯．佛里曼（Thomas L. Friedman）在《世界是平的》書中所述，當每個人都跳進同個市場做相同的事情，這市場很快就變得擁擠並充滿競爭。現在還想踏入App領域的個人或公司，除非擁有極可觀的行銷預算，不然就像把小石子投入汪洋大海中，難以激起漣漪，更別提從中獲利。

App 產業從興盛到飽和才多久時間？其實四年不到！假設有位大一新生，在二〇一〇年入學時立志要從事 App 開發，到了本書出版時的二〇一四年，甚至還來不及從大學畢業，這產業已經江河日下了。

所以，「三年」恐怕是我們一定要放在心裡的數字。上述技術與市場的快速變遷將不僅僅發生在App 領域，所有的國家、所有的產業都將在未來呈現劇變，這無疑地將影響我們每個人的人生。

別再安於現狀，正視環境變遷

透過這本書，我們希望傳遞一個新的策略與思維。在世界往全球化邁進的路途上，各種技術、商業運作、職涯發展，都會產生翻天覆地的變化，台灣也將從代工為主的產業型態逐漸轉往專案、研發、資訊、設計與服務等方向。也因此，穩定的薪資與工作保障也將成為過去式，我們每個人都該為這樣的變遷做好準備。

可是未來會怎麼變？

未來當然還是會有各種商業活動存在，也同樣需要具備各式技能的人才，可是職場的生存者，將不再是按部就班遵循升學體制的乖乖牌。因為現代學校科系的劃分，其實只是為了培養工業體制下的小螺絲釘，而螺絲釘在未來將不再是具有競爭力的角色。

那麼，未來職場究竟需要什麼樣的人才？我們的觀點是：在這後工業革命時代，當個大型組織中單一功能的螺絲釘，絕不是職涯的首選，有能力直接回應市場需求的專家型人才方為王道。三個曾經在農業時代很吃香，卻在工業革命後逐漸凋零的關鍵職能，將重新受到重視。他們分別是：工匠、總管與行腳商人。這三種職能背後代表什麼樣的特質？為何又會成為未來職場的焦點？我們將在書中詳細說明。同時，我們也將介紹十一道職場競爭力關卡，協助大家過關斬將，逐步走向職場達人之路。

最後，請讀者花些時間閱讀本書，分析一下自己在職場上的位置，是否準備好面對新時代的挑戰？是否組成了能在新時代勝出的「最小戰鬥單位」？大家更要想想，三年後，你的舞台在哪裡？又想要過什麼樣的人生？

姚詩豪、張國洋

目錄

作者序

三年一變，職涯之路別迷航！ 007

輯一 分析局勢

職場規則已經改變，你察覺到了嗎？ 019

凡存在必有原因，困境的原因何在？ 020

困境有解，工匠、行腳商人與總管的崛起 034

輯二 設立目標

面對新規則，你的優勢在哪裡？ 045

「最小戰鬥單位」：新世代的解決方案 046

「知覺價值」的11個進化階段　057
「最小戰鬥單位」的職能路線圖　073
工匠、總管、行腳商人，我是哪一種？　088
說起個人品牌，你正是最佳代言人　097
別成為不敢要、不願賭卻又不服氣的職場魯蛇　107

輯三　規劃策略

機會、挑戰同時來臨，你準備好了嗎？　117
人多的地方不要去　118
資訊也該做做聰明收納　131
新人記得別瞎忙，先擺平這七件事就好　141
我是菜鳥，但我想學做管理，可以嗎？　149
職場自由之道：第一天就做好離職準備　156

「鬼洗」牛仔褲VS.鬼～洗牛仔褲 164
你具備「預言問題＋解套」的能力嗎？ 171
工程師，你真該來學學管理！ 179
年輕行政主廚的四個成功祕訣 188
直達車VS.區間車，哪個比較適合我？ 200
夫將者，國之輔也 209
感性先走，理性殿後！溝通必勝 218
或許身不由己，但人生不該輕易梭哈 228
皮克斯教你，用故事打動人心 238
「脫序」有跡可循，管理才是解藥 246
團隊運作之道：民主≠政治正確 258
在老闆眼中，你是發電機or螺絲釘？ 269
小心！別讓上班族思維綁架了你…… 280

天作之合難尋？Tone 調對了就行　288

輯四　迎向未來

全新遊戲即將啓動，你充飽電了嗎？　297
白手起家，永遠不嫌晚　298
預測熱門產業？不如掛上個人「招牌」！　307

輯一

分析局勢

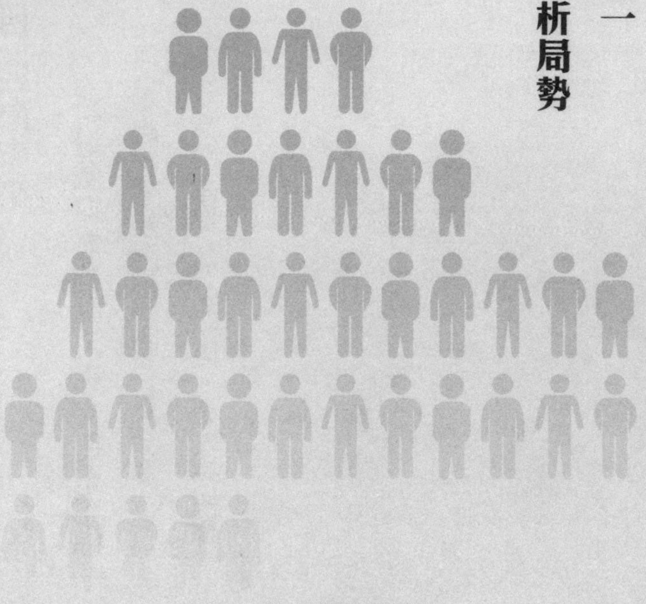

職場規則已經改變，你察覺到了嗎？

在隨著我們展望未來之前，我們先得明瞭現況，搞清楚這世界到底發生了甚麼事，讓過去穩當的道路平順不再。當認真求學不保證有回報、當個盡責螺絲釘也不能保住工作時，我們察覺職場的遊戲規則已經改變了，而且是翻天覆地的改變。要是沒能搞懂這新的規則，在職場之路我們隨時都可能一腳踏空，墜入深淵……

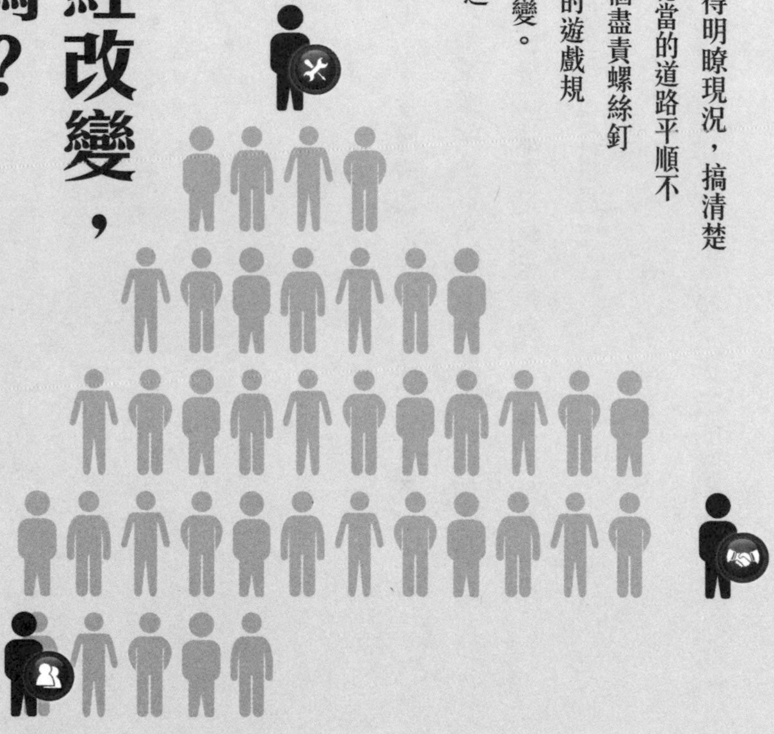

分析局勢❶

凡存在必有原因，困境的原因何在？

薪資增長停滯、高學歷高失業率、中產階級的消失……這些現象不只在台灣發生，而是在全世界同步上演。如果單純地以為是某個政黨、某個官員或是某個世代個別的問題，那麼我們將離解決之道越來越遠；如果連遊戲規則改變了都沒發現，那試問又該如何贏得這盤棋局呢？

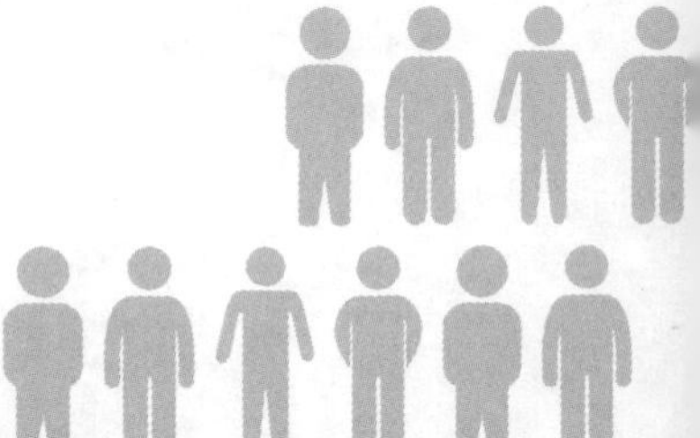

你曾在年節前夕逛過大賣場嗎？結帳區長長的隊伍不說，大家的購物車又是

滿得像東西不要錢一樣，不知要等到何年何月。正猶豫要不要把開始融化的冰淇淋放回冰櫃的時候，一條原本封閉的櫃檯突然開通了。首先，排在隊伍尾端的人，毫無疑問，會用最快的速度移動到新的隊伍，並且搶得領先的位子；至於原本就排在前端的人多半不為所動，畢竟很快就會輪到自己。然而，原本在隊伍中段的人卻面臨了兩難：換到新隊伍為時已晚，喪失了先機，但若留在原處，卻得面臨著漫長的等待，這正是不少人當今面臨的職場寫照。

從二〇〇七年「專案管理生活思維」開站後，我們以管理學的觀點寫了些職場文章，收到許多網友的迴響與提問，部分網友信中也透露出職涯中那種進退失據、騎虎難下的處境。透過 Google Analytics 以及 Facebook 的大數據分析發現，這些網友的年紀多數介於二十五至四十五歲之間（相當於台灣所說的六七年級，大陸的七〇八〇後），男女各半，而且多數是高學歷的專業白領。這群人顯然不是職場上的魯蛇（Loser），卻對未來充滿著惶恐與不安：眼前的選擇似乎越來越少，卻不知下一步該何去何從。老實說，這樣的感覺我們不陌生，畢竟自己也是這個世代的一員。

百花齊放，那個曾經美好的年代

一九九〇年台灣股市首次突破萬點大關，各行各業一片歡聲雷動，那時的我還只是個高中生，但有則新聞我印象深刻，有間證券公司連清潔員能都領到十多個月的年終獎金。那真是個「台灣錢淹腳目」的時代，政府大興土木，企業投資旺盛，到處一片欣欣向榮。隨後在科技業的強勁帶動下，台股於一九九七年以及二〇〇〇年再度站上萬點，科技業的分紅配股制度也塑造出一群令人豔羨的「科技新貴」。當時還在當兵的我，常聽到周圍的親朋好友誰又領了幾百萬的分紅，或者某人身價高達千萬以上的八卦，而且身邊幾乎每個人都在炒股票。雖然當時的我仍過著數饅頭的軍旅生活，不過我知道等在面前的是一個朝氣蓬勃的職場，很期待自己能馬上投入，跟大家一樣快快累積財富！

我終於在千禧年正式踏入職場，卻覺得我的荷包並沒有跟著經濟一起成長，當初開心踏入科技業的同學們也反映出類似的失望。只不過，比我們早個四、五年進公司的同事，與我們這群六年級生之間卻存在極大的財富鴻溝。竹科一位與我同年的客戶告訴我，在公司光看員工編號就可以估算出身價，五年級後段班的前輩雖然只早我們幾年進公司，但身價至少多一個零。

隨著科技業逐漸成熟，一夕暴富的神話卻也不若以往。爆肝、過勞、無薪假讓科技新貴反倒被戲稱為「科技碗粿」。這樣的場景讓六年級以及隨後的七年級世代陷入尷尬，因為從小父母便督促我們要用功讀書，取得高學歷，才有機會進入優秀的企業，過個美好人生。我們確實做到了，卻發現自己卡在「結帳隊伍」的中段，眼前的一切明顯不如預期，但過去的投資又捨不得放棄，於是多數人在「食之無味，棄之可惜」的心態下還是走進了大企業，當個認分的小螺絲釘。

職涯停擺，問題出在投資學？

您是否曾想過，為什麼我們順著前人的腳步，卻無法得到同等的回報？難道父母從小要我們追求學歷，進大公司的策略是錯的嗎？這個問題我從二十五歲想到三十五歲，最後意外地在投資學裡找到了答案。投資領域裡有項金科玉律剛好解釋這個問題：承擔的風險與潛在的報酬永遠成正比。在升學道路上我們的辛勤付出沒得到同等的回報，乍看很不公平，但如果換個角度，以風險對應報酬的觀點來看，一切卻又公平的不得了。

我們把時空搬到一百多年前的美國加州。

一八四八年還是蠻荒一片的加州出了件大事：有人發現了黃金！第一批發現金礦的是騎著馬來訪的探險家。這些人遠離家園，冒著生命危險來到鳥不生蛋的美國西部，他們承擔了極高的風險，但相對也賺上了一筆財富（高風險高報酬）。等消息傳開之後，接下來幾年從全世界湧入超過三十萬的淘金者。只不過這時候旅館也蓋好了，城鎮也形成了，甚至連鐵路都出現了，可以想見，這些帶著精良裝備搭乘火車前來的後繼者，多數是空手而回的（低風險低報酬）！雖然他們也確實投入了不少時間與金錢，但與第一批拓荒者相比，風險還是小得多，自然獲得的回報也難以比擬。正如投資學告訴我們，風險與報酬永遠是成對價關係的。

美夢初醒，台灣科技業是另一場淘金熱

一九八〇年代台灣科技業的興起也彷彿是一場淘金熱。二、三年級生（現年約六十至八十幾歲的前輩）可說是第一批拓荒者，四、五年級（現年約五十至六十歲的前輩）則承先啟後並邁向頂峰。我們常常羨慕這些前輩的成就，但往

往也忽略他們當時所面對的風險。那個時代，台灣的民生物資缺乏不談，教育資源更遠不如今天，多數人中小學畢業就趕緊投入職場賺錢養家，就算有能力當白領的，也多半擔任軍公教人員，或往石化、紡織、營造這類傳產發展。那時候不管是攻讀碩博士、出國留學（很多人拿著全家積蓄赴美半工半讀），主修電子科技的這些決定，其實是很冒險的！試想在今天，有父母把房子賣了，拿出所有積蓄送孩子去研究人類如何移居火星，我們應該也覺得他們很敢賭吧！

難道是上一代比較願意冒險犯難，而我們這一代都是膽子小的爛草莓嗎？當然不是，主要差異在於年輕世代擁有的選擇比以前人要多。我們這一代就像是加州淘金熱的後繼者，眼前已經蓋了旅館、鋪了鐵路，我們又何必騎馬住帳篷呢？於是大家便很自然地踏上一條低風險的路，讀書、考試、留學、工作一路順著前人的腳印走，只不過到達目的地後，我們才驚覺寶藏早就被搬光，這時就算再辛勤的工作，回報也不成比例！風險與報酬永遠成正比，又再一次被驗證了！

工業革命主導了今日的世界

既然困境擺在眼前，又該如何尋找對策呢？這正是本書想要探討的。不過在談對策之前，絕對有必要先了解一下，以往公認最佳的生涯發展，也就是：「努力讀書→上好學校→進大公司→往上晉升→風光退休」這條一直線的路徑到底是怎麼來的？又為何現在行不通了？

加州大學經濟學教授克拉克（Gregory Clark）曾說過：若以「人均 GDP」（平均每位國民所創造的國內生產毛額）當作指標來檢視人類千年來的歷史，其實只有一個事件是真正有意義的，那就是十八世紀末啟動的工業革命。從瓦特發明蒸汽機開始，一連串的科技革新影響了人類生產貨物的方式，連帶造成經濟、生活、甚至文化的改變。這改變到底有多巨大，現在的我們或許很難想像，不妨來聽聽亞當．史密斯（Adam Smith）這位知名經濟學家當年在《國富論》書中的一段記載。

亞當．史密斯曾經參觀一個具備機械化生產線的大頭針工廠。先交代一下背景資料，當時的大頭針都是在家庭式的手工作坊製造出來的，每位工匠要包辦整個製作工藝，包括將鐵線整直、裁切、磨尖、裝釘頭、包裝等一系列的流程，平均一天可生產二十至三十根大頭針。但大型工廠出現後，在機械化生產線的協助下有著截然不同的運作方式，工廠工人不需要像工匠一樣從頭到尾包辦，每人只須負責一項工作，並且不斷重複即可，裁切員專門裁切，磨尖工專門磨尖，這樣一天下來，每人平均竟能產出四千八百根大頭針，相較於手工作坊可不是五倍、十倍的差距，而是二百倍的爆炸式革新！

不難想像，在極短的時間內，生產線的概念快速席捲了全世界，包括農牧業也一併受到影響（例如英國的圈地運動）。人類社會延續千年的耕作方式以及以師徒制手工幾乎被新型工廠給秒殺，傳統農牧業以及家庭作坊釋出了大量的失業勞工，這些勞工就被工廠吸納成為生產線的一員。

當代的教育體系是為生產線服務的

對於生產線來說，為了有效提高產量，勞工的熟練度變得非常重要，因此「每人只學習少樣技能，但必須非常熟練」成為人員培訓的目標，這也就是「專業分工」的濫觴。至於「什麼都得學，學成要數十年」的傳統師徒制相對很沒有效率。在工廠老闆的眼中，勞工只是整個生產線的一個「零件」，每個人專精一件事情是最有效率的：工廠裡機械需要維修，就僱用專精機械的工程師；需要記帳，就僱用熟稔會計的記帳員，以此類推。最好學校就能為我們培養這些特定專才，畢業後立刻投入生產。於是在產業界豐沛的金援下，原本有著「培養健全人格與獨立思考」崇高宗旨的大學，逐漸轉變成替生產線服務的「職業培訓所」，工廠需要機械專才，學校就成立機械系；工廠需要會計，學校就成立會計系。您現在應該知道，為什麼大學裡的科系劃分，會剛好和大企業的部門劃分（如工程部、會計部）這麼接近了吧！

英國教育學家羅賓森（Ken Robinson）曾一針見血地指出，現代的教育體系中各種「科目」其實是不平等的，有些科目就是比其他科目「更高級」一些。例如數理總是高於文史，而文史又高於藝術體育，在台灣受教育的我們更不會陌生：體育、音樂課常被「借來」上數理，但卻從沒聽過數理課被借來上音樂的。背後的原因很簡單：生產線並不需要音樂家，但需要很多工程師！

生產線思維決定了人的價值

為了大量生產商品，工廠老闆還剩下一個問題要解決：每年有那麼多畢業生投入職場，該如何快速篩選出我們要的人才呢？最簡單的方式就是用分數當作篩選條件，就像雞農以尺寸來分級雞蛋一樣。那麼沒有大學文憑的人怎麼辦？簡單，就直接分配到勞力為主的藍領工作。我們發現，線性的「生產線思維」不僅僅存在於工廠，更是無遠弗屆地影響了學校教育，甚至整個社會的價值觀。在這樣的價值觀之下，年輕人的價值，取決於他在學校裡的成績與就讀的科系。「不好好讀書，將來長大就去做苦工！」這類給孩子們的告誡，你是否仍言猶在耳呢？

正因如此，父母才會苦口婆心地勸我們好好讀書，更準確地說應該是好好考試！年輕人一定要在線性的升學體制中逐步升級，才有資格被選入最具規模的生產線（企業）。進入了公司之後，我們發現世界仍是一條直線（也有人說是一座階梯），初階員工得不斷在組織中證明自己，才能順著課長、襄理、副理、經理的階梯往上爬。自工業革命之後，「生產線思維」形塑了今日的世界，不論是學校教育還是職場階層，看起來全像是一條條的生產線。

我們需要全新的職場思維

然而，工業革命的影響再深再廣，也終會有退場的一天，尤其是近十年來網路的普及與全球化的浪潮，更加速了這個趨勢，傳統成一直線的職場道路，也漸漸開始出現分岔、轉折甚至迴圈。

根據雜誌報導，在大陸東莞等台商聚集的城市，有近萬名失業的台籍人士滯留，這群人被稱作「台流」。他們多半是台灣企業派去的高級幹部，有些甚至是廠長或老闆，他們照理說是生產線頂端的勝利者，卻因為近年來產業生態的改變，成為一群失去舞台卻又不好意思回台灣的異鄉人，據說不少人每月僅靠五千元人民幣過活。

這幾年我們也常聽到博士下海賣雞排，碩士當搬家工的新聞。這群曾經在職場爬到頂峰，考場取得優勢的人，原本應該是勝利者，但走著走著卻似乎回到了原點。如果您常關注世界大事，就不難發現，政府與大企業的裁員縮編、高學歷伴隨高失業率、以及中產階級的消失等現象，其實正在全球同步上演。只要稍微用心觀察，就算不是未來學家也會感受到，這個世界已經發生結構性的改變，傳統認可的職涯之路也不再是用功讀書、追求學歷、進大企業、向上晉升的線性軌道。生產線思維明顯開始生鏽，活在新世界的我們若仍堅守舊思維，只會有一個下場，就是騎虎難下，進退兩難。

我們急需一套全新的思維，才能面對這個全新的世界。

分析局勢❷

困境有解，工匠、行腳商人與總管的崛起

如果當前職場困境是因為工業時代過渡到網路時代的必然結果，那麼工業時代之前，什麼樣的人能夠靠自己的力量生存，並為社會產生不可替代的價值？想來答案已然呼之欲出了……

如果說工業革命把我們每個人培養成僅有單一功能，專為生產線服務的小螺絲釘，那麼面對新的未來，我們的當務之急就是重新塑造自己，成為不依賴大

型組織也能獨當一面的職人。既然如此，我們要搭乘時光機，回到工業革命發生之前，看看那個還沒有大型工廠，沒有生產線的時代，什麼樣的人能夠獨立自主，創造價值。答案是三種曾被世人遺忘，卻即將主導未來的關鍵職能：分別是「工匠」、「行腳商人」與「總管」！

工匠：從無到有建構一項產品的能力

其實「工匠」在工業革命之前是社會上非常重要的職業，那時沒有機械和生產線，世上幾乎所有的人造物品都是由工匠親手製作的。一位工匠具備從原料到成品完整地製作出產品的能力，甚至還能接受訂做，來滿足顧客的需要。例如，鐵匠知道如何從鐵砂煉出鐵，並且冶煉打製成為鐵器給客人；而陶匠有能力從揉土、塑形、上釉、燒製做成陶器販賣。工匠的養成往往以「師徒制」的方式來進行，徒弟跟著師傅從做中學習（甚至從雜役開始）並逐漸累積經驗，雖然培訓期很長而且要學的項目瑣碎繁雜，但只要學成出師便能獨當一面，靠一己之力製作出產品來滿足客人的需求。

工匠的能力，不一定僅限於實體物品，對於服務也一樣適用，只要能從無到有，建構整套的服務就屬於工匠的能力。例如，一位客服領域的「工匠」不僅僅是知道如何回應客戶問題，對於整個客服體系的設計、通訊設備的選擇、人員的教育訓練等環節都能清楚掌握。假如有間公司想要建立一套客服體系，只要委託這位「工匠」，給予足夠資源，他就能夠順利搞定，這就是工匠的實力！毫無疑問，這樣的人才絕對是各界重金挖角的對象，因為在專業分工的生產線思維中，多數人只懂得單一技能，具備全面性知識的「匠才」是十分難得的。

行腳商人：掌握特定族群需求與喜好的能力

至於「行腳商人」則是流行於農業時代的流動貿易商，中國古代也有類似的職業，通常被稱為「挑貨郎」。他們揹著布包或是擔著扁擔在各城鎮間巡迴，把城市裡的新奇玩意兒帶到鄉間販賣，或是反過來把鄉間的特產賣給都市居民。他們的貨物種類既多且雜品項不定，只要是客人喜歡的他們總有辦法弄到手，同時也接受客人的委託代為採買。不管是中國或是西方，鄰里間只要有行腳商人到來總會引來太太小姐們一陣騷動，因為行腳商人們帶來的不僅是新奇的物品，也為當地人「進口」了全新的文化體驗。行腳商人和工匠不同，他們雖然不會製作產品，但他們十分了解特定族群的需要，並知道如何找到客戶想要的東西來滿足需求，這就是行腳商人的功力。

行腳商人這行業因為鐵路發達與大型商店的興起而式微，現在應該只有連續劇裡才偶爾看到。不過到了市場需求多樣化，客戶越來越難滿足的今天，「掌握特定族群，提供專屬商品」的重要性又重新抬頭。兩位七年級生用五萬台幣創立的「東京著衣」就是個「行腳商人」發光發熱的例子，他們的「扁擔」裡有鎖定十八至二十八歲年輕女生所中意的服飾，價格也在這個年齡層可以接受的區間，他們不光是銷售服裝，同時也是流行時尚的傳遞者，如同行腳商人一般帶給消費者新的穿搭資訊。幾年下來這兩位現代挑貨郎已經達成了每年十億元的營業額，這就是行腳商人的力量！

總管：組織不同人事物形成一個整體的能力

電影裡，歐洲王公貴族的家裡都有一位衣著筆挺、態度沉穩的老管家，而古代中國的豪門宅院中，也總有位長袖善舞、應對得體的總管角色。管家與總管都是組織裡的核心人物，對上，他們要清楚掌握主人的需求；對下，他們要打理宅子裡所有瑣事，並妥善協調廚師、園丁、僕人、馬伕等完成每一項任務。他們是組織中實質的營運者，對外要取得資源、打通障礙，對內則要協調眾人、回應突發事件，甚至還得照顧每位成員的心情。一位具備「總管」能力的達人，或許無法像工匠一樣製作產品，也不像行腳商人一般擅長銷售，不過對於整合人、事與物卻非常在行，是能夠將個體凝聚成團隊的關鍵角色，沒有他們，人手再多也只是一盤散沙。

真正的「總管」職位在今天也不多見了，但是具備「總管特質」的人在未來卻是奇貨可居。其實在一九七〇年代美國AT&T的CEO格林里夫（Robert K. Greenleaf）就曾提出「僕人式領導」觀念，強調的就是以服務和人性為導向的「管家精神」（Stewardship）。以往一人大權在握，眾人聽命的極權管理將逐漸沒落。從近年來竄起的網路科技公司如Google、Facebook、Dropbox的管理文化來看，領導者無一不把心力放在找到對的人，提供最好的環境，並給予所需的支持這幾件事情上。員工不再是領導者意志的延伸，反倒是領導者成了員工的後盾，為其服務，並支援團隊發揮最高表現。而在企業內部除了工程師以及銷售人員外，PM（專案經理或產品經理）的角色也越來越重要，因為他們提供了橫向連結，把不同的人與繁雜的事物整合為一個有規律的系統，並達成預設的目標。「總管」特質將與「工匠」、「行腳商人」並列未來職場的黃金三角！

網路讓舊時代的技能重回舞台

工匠、行腳商人與總管都曾因為工業革命的興起而被人們淡忘。或許您會有疑問，為何到了今天，他們卻又重新抬頭，並成為未來的關鍵特質？其實最重要的原因就在於網際網路的興起，「資訊科技」成為他們的新槓桿，發揮出前所未有的力量。

打個比方，你是十七世紀的工匠，手藝雖然很精良，但你的貨品頂多是賣給周遭城鎮的消費者，因此銷售量直接受到地理的限制，產量也難以提升，後來工業革命開始，這行也就逐漸淡出。但有了網路之後，一切都不一樣了。首先是突破地理限制，就算你的工作室位處深山，只要透過網路全世界的人都可以看到您的商品並且下單採購。交貨也不會是問題，各家物流公司早就建立起快速穩定的配送網路。至於產能也不用擔心，透過電腦輔助設計以及自動化生產的技術，只要有訂單，許多工廠都願意為你代工，更不用說還有日益成熟的3D列印科技。

再來看看行腳商人。工業革命之後，交通建設的普及讓行腳商人不再吃香，而城市與商店的興起也取代了他們的價值。但是在今天，透過無所不在的媒體、網路、與行動科技，只要能掌握特定族群的需求，通訊科技反倒能大大幫助他們推廣產品。今天的「行腳商人」不用再挑著扁擔走訪鄉間，就可以透過網路平台販售各式各樣的商品，更別提完善的物流服務可以快速把商品送到消費者手中。

至於總管，在過去總是依附主人而生存，雖然他們了解人性、並有強大的組織能力，但貴族階級與大家庭的式微卻讓他們失去了舞台。不過在今天，網路幾乎把全世界的人都緊密連在一起，各種社群平台讓國家與地域的邊界逐漸消失，這也讓具備總管特質的人更容易發揮長才，像是在網路創業圈裡，優秀的總管就很容易找到志同道合，具備各式專業的人才一起共事，建立屬於自己的團隊。

三種特質合體＝最小戰鬥單位

在今天，工匠、行腳商人與總管並不代表某種特定的行業，反倒更像是三種專業特質。如果拿電腦遊戲來比喻，工業革命時代職場就如同「超級馬力歐」這類的線性遊戲，玩家得一路過關斬將，朝向更高的關卡前進，若無法更上層樓就宣告 Game over。而未來的職場，則更像是線上 RPG 遊戲[1]，每位玩家根據自己的專長特質，扮演適合自己的角色，並且與其他玩家共同結盟，一起朝打怪、集寶、升級之路邁進。

近年來，以美國科技業開始，許多產業都出現了不同角色結盟的工作團隊，幾位擅長技術的「工匠」、幾位了解市場「行腳商人」，再搭配善於經營管理的「總管」組成一個團隊。他們有時選擇自行掛牌創業，但也可能以團隊為單位應徵一間公司，甚至說服企業主資助他們成立新事業。創業或是聘雇對他們來說，純粹是資源取得方式的不同。由於他們具備獨立研發、銷售、與運作的能力，得以和大企業保持一種對等的合作關係，並非像傳統上班族僅能仰賴組織，當個聽命行事的員工。

上述的結盟，我們稱之為「最小戰鬥單位」，單位的整體能力取決於成員的「工匠值」、「行腳商人值」以及「總管值」的綜效，在未來的職場，這將成為一股最堅實的勢力！

1 RPG（英文全稱 Role-Playing Game），是一種遊戲，玩家在遊戲中扮演虛擬世界中的一個或幾個隊員角色，然後在特定場景下進行遊戲，通過操控遊戲主角以練級和發展劇情等方式來完成遊戲。這類遊戲通常都是由玩家扮演冒險者在遊戲世界中漫遊，而一路上的各種遭遇，如戰鬥、交談、會見重要人物等，則是玩家人物成長及遊戲進行的重要關鍵所在。

輯二
設立目標

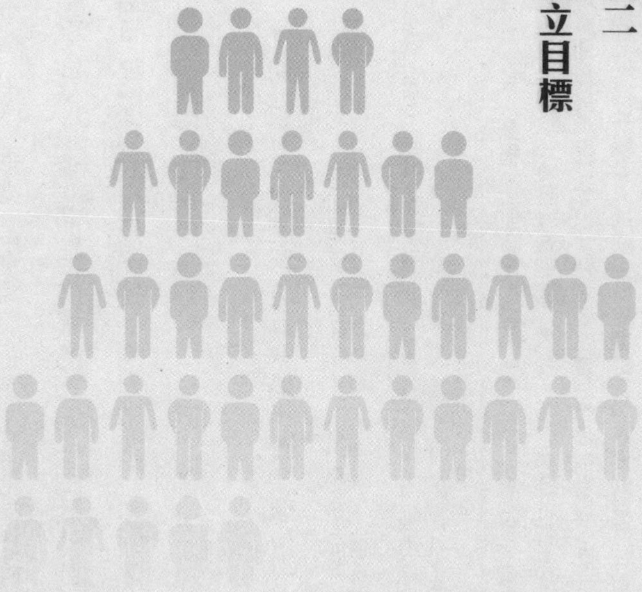

面對新規則，你的優勢在哪裡？

職涯發展其實很類似 RPG 遊戲，您必須提升等級，必須學習能在遊戲世界存活的技能，更必須找尋可以提升存活率的團隊成員。隨著經濟趨勢的變化，我們接下來要面對的世界，就像一個規則被系統管理員改變了的遊戲一樣，您得先停下來重新看懂規則、了解新模式的需求、判斷自己的等級、分析目前團隊成員的適用性，然後才知道下一步該怎麼應對……

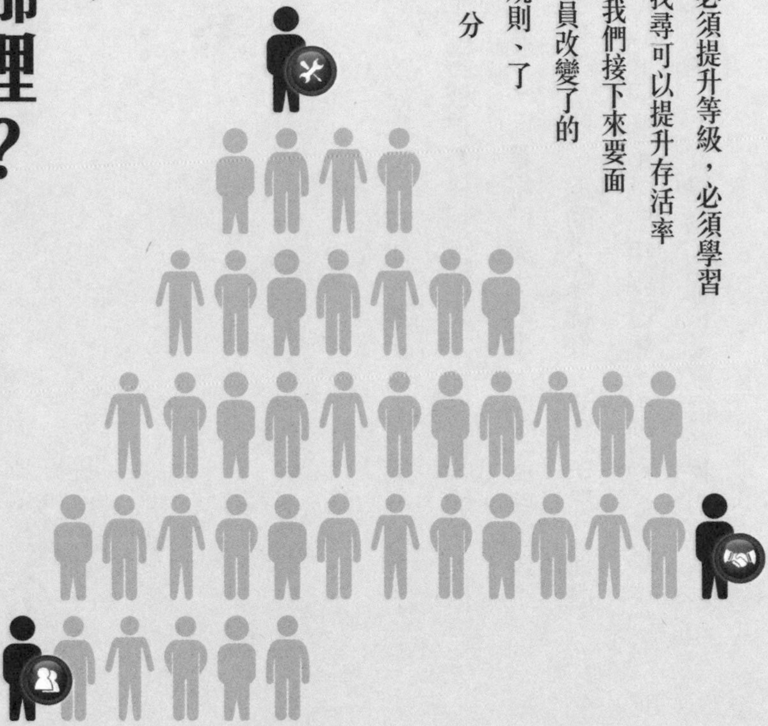

設立目標❶

「最小戰鬥單位」：新世代的解決方案

在網路普及、3D列印、電動汽車等技術興起的時代，傳統精密分工、大量生產的製造業思維將持續沒落。代工廠將被迫轉移到土地人力更便宜的地區，相關的工作職缺也連帶外移，這不是未來，而是早已發生的事，並且還會繼續下去。想要學我們的父母一樣，在企業裡當個單純的小螺絲釘，並且安穩做到退休，幾乎成為不可能的任務。除非我們只剩下兩三年就退休，否則漫長的職場生命中，只要再出現任何一次金融風暴、產業變遷、或企業重組，我們賴以為

生的工作轉瞬間就會煙消雲散。

英國大文豪狄更斯（Charles John Huffam Dickens）在《雙城記》中這麼寫著：「這是一個最好的時代，也是一個最壞的時代」。而電玩遊戲中也總有這樣的一段開頭：「維繫世界平衡的水晶已經崩壞！亂世降臨，勇者即將踏上充滿冒險與挑戰的旅程！」的確，過去的道路平順不再，不管你願不願意，開疆闢土成為我們這一代人的使命。未來職場上的生存者不再是僅會單一技術的小螺絲釘，而是兼具「工匠」、「行腳商人」與「總管」三種特質的個人或團隊。期待在職場亂世倖存並且勝出，我們只剩下兩條路：一是培養自己成為以上三種特質兼備的職人，或者第二條路，尋求其他夥伴的協助，共組一個兼具三項特質的專業團隊。

就像 RPG 遊戲一樣，一個完整的陣容需要戰士的攻擊力、巫師的魔法力還有僧侶的療癒力，三者構成一個亂世中的黃金三角，挑戰一道又一道的關卡，逐漸累積經驗、技能與寶物，一同朝向大師之路邁進。這樣具備「工匠」、「行腳商人」與「總管」職能的團隊或個人，我們稱作「新世代職場的最小戰鬥單位」，簡稱「最小戰鬥單位」。

單一技能只能處理制式問題，多元技能才能回應市場變化

說到「最小戰鬥單位」，我們不免想起辦公室裡一同進退的好友。大家同期進公司，常一起聚餐，遇到低潮還會相互勉勵，形成一個緊密的小圈圈。只不過，這樣的團體通常不是最有價值的「最小戰鬥單位」。為什麼呢？原因出在「技能的互補性不足」！辦公室小圈圈的凝聚力，往往來自於彼此的共同點或相似性，幾位好友隸屬同個部門，參與相同的業務，具備相同專業，甚至思考模式也相仿，雖然相處起來頗為愉快，處理標準的業務也合作無間，但遇上突發狀況，往往無法跳出框架思考。這樣的道理就好比有些果農，會刻意栽種不

同品種的果樹，除了每個季節都有收成外，遇上病蟲害也不至於全軍覆沒。

職場上的專業結盟並不是新觀念，只是多數人組成的團體還是傳統功能性部門的思維，成員都來自同單位的同事，或是相同專業的同行。這樣的團體無論在風險應變以及價值創造上，都遠遠不如彼此緊密互補的「最小戰鬥單位」。

三項特質缺一不可，多重層次完美契合

一個能夠獨立運作，並且快速回應變化的「最小戰鬥單位」，就好比電玩遊戲中的同盟一樣，必須擁有以下幾項特質：

「行腳商人」反映的是掌握市場需求的能力，並且擅長將商品或服務「兜」成一個客戶所需要的解決方案。這個解決方案可能從公司內部產出，也有可能要借助外力，有可能是既有的商品，也可能得重新設計開發，總之，只要是客

戶與市場提出需求，行腳商人都有辦法精準地滿足。行腳商人就好比 RPG 電玩裡的「戰士」，總是位於戰場的第一線，帶領團隊滿足客戶並創造收益。

「工匠」特質則代表從無到有產出商品或服務的能力。因為必須「從無到有」，所以「工匠」不能只懂單一環節，而是具備綜觀的產品知識。比方說，當客戶有架設網站需求時，只會 JAVA 語言的程式設計師是無法滿足的，還需要擅長 UI（使用者界面）設計、具備美學素養、伺服器調校、資料庫維護、搜尋優化等各路人才加入才行。一位工匠等級的人才，熟知整個網站從無到有的建置流程，甚至對當中各項技術都有一定程度的涉獵。只要給他人力、給他預算，工匠有辦法統合所有流程與技術交付一個完整的網站。這就像 RPG 電玩裡的「魔法師」，擔任前線戰士的堅實後盾，精通關鍵技術，即時提供前線必要的支援。

至於「總管」特質所代表的，則是凝聚一個團隊的核心力量，就如同水泥能把細沙與碎石凝結成混凝土結構一樣！一位長袖善舞的總管，就像《紅樓夢》裡面的王熙鳳一樣，舉凡是工作分派、進度追蹤、資源調度、財務管理，甚至成員間的衝突排解、情緒照護等，都能一一打理妥當。究竟是「一群個體」還「一個團隊」完全看這總管特質能否彰顯。就像是 RPG 電玩裡的「僧侶」一般，提供前線戰士以及魔法師損傷控制與內部穩定的能量。

三者合一確保優勢，成功擴展團隊彈性

附帶提醒的是，這樣的「最小戰鬥單位」有可能是一個人兼具三種特質，也可能由具備各種特質的團隊組成！關鍵在於，單位中三個特質都要齊備，才能在未來的職場中站穩腳步！

或許有人會問：「我沒有創業的打算，這樣的概念對我有意義嗎？」

這是絕對的！即是身為上班族，我們更要抱持一種與公司「對等合作」的觀念。公司僱用我們（更好的說法是，選擇與我們合作），是因為我們擁有某項價值，因此公司用薪資與福利與我們的這份價值交換，雙方都覺得划算，成交！萬萬不要抱持著我有學歷，我有證照，所以我有資格去大機械裡當個小螺絲釘的雇工思維。對於一個有能力的最小戰鬥單位來說，所謂公司，像是個登山時巧遇的夥伴，若彼此方向一致，則結伴同行；若目標不同，則各自往預定的山頂前進。沒有什麼誰依賴誰的問題。

簡單地說，即使是在公司上班，想在未來多變的職場中走得遠，也非得具備創業者一般的思維才行！

三項特質互通有無，創造成功絕非難事

二〇一四年行動通訊軟體的開發商 What's App 被 Facebook 以一九〇億美元

的天價收購，震驚整個網路界。這間全球註冊用戶超過4.5億人的公司，據說員工竟只有五十五人！這顯示出一個具備完整技術開發能力（工匠）、業務行銷能力（行腳商人）與經營管理能力（總管）的戰鬥單位，簡直就像核融合一樣能產生巨大的能量！

台灣網路圈中知名的郭家兄弟創業團隊也是個有趣的例子。在團隊組成中，郭氏兄弟兩人扮演類似工匠的角色，他們親自設計產品並帶領工程師來執行。另一位合夥人擅長行銷策略、產品規劃、與公共關係，這正是行腳商人的特色；至於第四位創辦人則是負責人力資源、財務與行政管理，剛好就是總管的定位。而他們能有這樣的成績，「最小戰鬥團隊」的貢獻不在話下。

當我們在部落格宣揚這三種特質時，有讀者問了一個問題：「是不是一定要擔任技術人員才能當『工匠』，從事業務工作才是『行腳商人』，而擔任管理職才有資格成為『總管』？」

答案是未必，工匠、行腳商人與總管代表的是三種不同的特質，與個人從事的職位確實相關，但也非絕對！我們建議第一步該了解本身的特長、興趣與熱情，然後在職涯之路上選擇最適合自己的方向。

有位電腦工程師發現自己很喜歡與客戶接觸，每次滿足客戶的需求後都能獲得極大的成就感，客戶也覺得他很善解人意，能精準掌握需求。這些情報顯示，他極有可能是一位充滿「行腳商人」特質的技術人員。我們會建議他可朝向 Pre-Sales（業務支援工程師）的職位前進，讓自己的特質有更大的發揮。如果需要更多的實例，就想想微軟創辦人比爾．蓋茲（Bill Gates）的經歷吧！

另一個例子，保險經紀人這份職位往往被視為典型的「行腳商人」工作，但若是當事人對於指導後進、建立激勵制度這些工作非常擅長，總能讓銷售團隊相處融洽並達成績效。則這樣的人才無疑是「總管」的最佳典範。

從無到有的技能，無往不利的價值

硬底子工程師確實有可能具備「行腳商人」與「總管」的「軟性」特質，那麼，一般從事行政或業務工作的上班族，有可能累積「工匠」的「硬性」特質嗎？

答案是肯定的。舉例來說，一位擔任客服專員的上班族，該如何累積工匠特質呢？

有心往工匠之路邁進的客服人員，除了熟悉應對話術、學習產品知識、掌握標準作業流程之外，他／她會擴大思考整個客服體系中有哪些環節？例如需要什麼樣的軟硬體、線路的佈局、人員的組織、流程的建立、員工的培訓、成本結構等。在公司裡除了手上的工作外，也會趁機學習與客服相關的周邊知識，甚至研究同業的做法。在有目標的狀態下累積經驗，自然會成為克服領域的專家，成為能從無到有建立整套客服體系的工匠。

哈佛商學院教授桃樂絲・巴頓（Dorothy Barton）在一九九五年首度提出「T

型人才」的概念。她表示多數人都被學校培育成「I型人」，僅具備單一技能。但我們應該逐漸學習新的知識，使自己成為跨領域的人才，把英文字母I的頭上加一橫，成為「T型」，才是市場上最有價值的人才！

回到RPG電玩遊戲的例子。當遊戲中的角色不斷升級並培養出新的能力，戰士可以進化成又會攻擊又能治療同伴的聖戰士；也能進化為兼具攻擊力與魔法力的黑騎士。職場遊戲也是類似的道理：資深「工匠」可以考慮培養「總管」或「行腳商人」的能力；而資深「總管」也可學習市場與技術；同理，資深「行腳商人」若能掌握管理技巧與關鍵技術，又會往更高的層次邁進。

假設在職場中，最小戰鬥單位的能力也像RPG角色一樣層層上疊，那麼，我們該如何知道目前位在哪一級？離心中的目標等級還有多遠？有哪些路徑可以選擇？接下來的篇幅中，我們將提供一個清楚的「職能路線圖」，幫助各位解答以上的問題。

設立目標❷

「知覺價值」的11個進化階段

在看職能路線圖之前，我們先談談職場的知覺價值（Perceived Value）。

所謂知覺價值，指的是我們在其他人眼裡「根據其主觀需要所判斷出來的價值分數」。大部分人常犯的毛病，是以自己投入的時間多寡來評價自己，但這些事情的結果，若不能帶來正向效用，別人根本不會覺得我們做的這些事情是有價值的。相反的，某些能夠輕易做到的舉手之勞，若能帶給別人高度的效用，別人會覺得我們是有才華、夠朋友、能力好、聰明甚至是具有價值的合作對象，

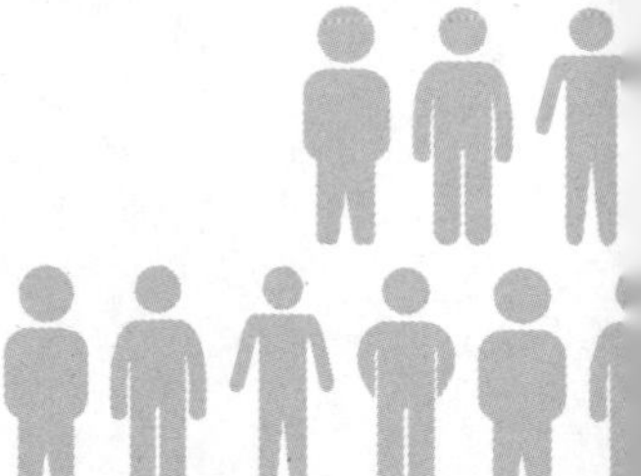

而這種差異，也常常是年輕職場工作者心中的痛。自以為是的努力，老闆不覺得重要，而老闆重視的部分，年輕職場工作者又誤以為那是小事，結果辛勞了半天，老闆卻只把自以為的功勞當成苦勞看待。

所以，成為社會人之後，我們應該要了解職場上一般人評價我們的世俗觀點，並且檢視根據此一評價所能得到的分數高低。

檢視此圖表，橫軸越往右，代表你在他人眼裡的「知覺價值」（Perceived

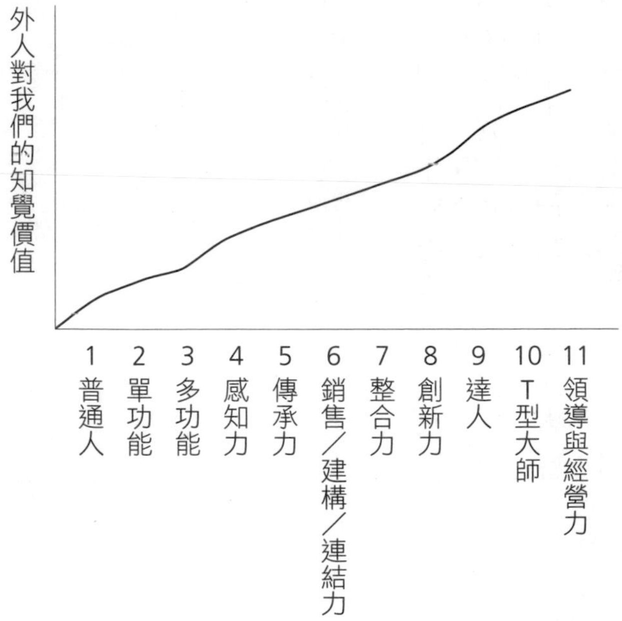

Value）也越高，所能取得的資源越多。而橫軸越往左，代表你在他人眼裡的知覺價值則越低，能夠談到的薪水福利也越少，在工作上能夠獲得他人關注、尊重、支援也會較少。另外我要強調的是，這張圖表不只是描述上班族的狀況，如果你是個自僱者，用來判斷客戶對你的評價也同樣有用。至於這十一項等級的相關容我一一說明如下：

●等級一●普通人：缺乏特色的單純好人

泛指單純好手好腳的人，或是念了一般大學甚至碩士畢業但卻沒有任何突出性的個人。比方說，就讀科系普通，自身能力也並無特別之處；功課不是很好，但也不是最後一名；朋友很難用超過五句話來形容自己，總而言之，就是缺乏特色的單純好人。就像是夜市攤位上的微甜冰紅茶，因為商品跟四周的相似度高，因此競爭激烈，也較難以取得溢酬，售價通常只是剛好略高於邊際成本而已。

●等級二●單功能：具備單一賣點

比普通人好一點的地方在於，最少有「一項」能夠「被市場需要」的賣點或技能。所謂被市場需要，是能真的滿足於社會需求的技能，而非什麼會學壁虎叫之類的特技。這個概念其實不難理解，也應該還在常識範圍：通常人只要有一項市場要的技能，在價值上就能比單純好手好腳的正常人更加有利一些，所能獲取的價格，也可能會高一些。

●等級三●多功能：具備多項賣點

再往右走，屬於具備多項功能的人，這裡指的是比普通人跟單功能擁有更多東西的人。除了具有一項主要技能（或經歷）外，同時還會很多旁支技能，比方說除了是個資深的軟體工程師外，還會修圖、組電腦、設計網頁、開車，通常在允文允武之餘，老闆還叫他幫忙做 FB 的粉絲團行銷（慘）。

讓自己具備「多功能」特質，是大部分人想要自我提升時，最直覺的嘗試方法，就是想讓自己的 CP 值（價格性能比）能再更高一些：同樣是月薪三萬元，但自己就比同職等的同事多會五樣事情。

不容否認，此舉確實能夠提升自己的知覺價值，因為以同樣價錢而言，會的能力越多，CP 值也自然就高了！可是 CP 值提升對於拉高個人價格的幫助終究有限。想想實體商品的狀況就很清楚了，你或許願意多付一千元去買多十種收納功能的包包，但這樣的包款終究不可能賣得比 LV 的精品皮件來得貴。所以，廠商應該再多加五種功能嗎？加到一定程度後大家可能完全沒感覺了，連想再多賣一千個可能都有問題（而且額外獲利便開始低於投資了）。要獲得更高的客戶知覺價值，多加一堆雞肋的功能是無濟於事的。

●等級四●感知力：理解並解除別人的核心痛苦

能夠再更進一步的提升知覺價值的，就是有辦法理解別人的核心痛苦，並且幫別人解除痛苦。例如部門中有五個人，老闆碰到麻煩總是找你解決，因為覺得你能聽懂狀況，並且輕易擺平問題。別人雖然也有技術能力，可是溝通能力亂七八糟、表達能力夾雜不清，甚至還會得罪客戶，或把問題搞得更嚴重。這時就算你的技術能力跟其他四個人差不多甚至略遜一些，但在主管的知覺價值上，你反而是比其他人要來得高。

另外，一些能在問題發生時幫我們抽身的人，我們也可能願意一次性的付出高價，像是醫生、律師、會計師等便屬此一類型的角色。

●等級五●傳承力：讓自己具備複製的能力

讓自己多功能雖然很直覺，可是還有一個問題，就是不斷學各類新東西實務上實在有困難。學習終究有極限，人也不可能什麼都擅長，樣樣通，就可能樣樣鬆。像我自己通常不買標榜多功能合一的產品，因為常常就是什麼都有，可是什麼都不好用，明明是開葡萄酒的工具，那就不要還能開罐頭、當手電筒、指甲剪，甚至還附驗鈔筆之流……

就業市場也是一樣，當你具備太多能力時，個人特色反而難以凸顯了。比較合理的方法，是讓自己具備一兩種核心能力，但具備能複製這核心能力的方法，換句話說，如果你具備傳承的能力，長期而言你就不只是一個人，你可以有效率地複製好幾個跟你類似的人，變成一個更有效率的團隊，只要力量能被擴大、複製，再怎麼樣都會比單一強者更厲害。

這對老闆或客戶都好，因為絕對是會受到眾人另眼相看的價值。一般說來，大部分人能夠升遷，也是因為老闆覺得你有辦法將手邊的工作順利交接給其他人，他們才會願意讓你承擔更重的責任。

●等級六●銷售力／建構力／連結力

這裡開始，我們將會根據你所選擇的不同路線，開始加入不同的重點。當然，可行的話，每項重點都有一些基本的訓練，這也是能夠累積知覺價值的方法喔！

如果你是想走行腳商人之路，那銷售力絕對是再明確不過的價值。所謂銷售力，指的是能帶錢進來的能力，當你在一個團隊中能帶錢進來，那自然講話就會大聲，能取得的資源或收益也會較高。

看到這邊可能有人會說，我是工程師又不是業務員，所以這點與我無關。這我倒是要特別強調，這對任何人都是該培養的，因為人要想提高價值，絕對不能只是悶著頭做，最終要學著把東西的好處「讓別人容易聽懂」（所以最少要會簡報、會推銷、會說服、懂心理學等），甚至要知道如何有效地「自我推銷」。你且看檯面上厲害的人物，哪一個人不是擅長說服別人以及自我推銷（如賈伯斯）的？若我們也都能做到這一點，價值當然就又提高了！

如果你想走工匠之路，那麼建構力絕對不可少。所謂建構力，指的是能獨立把一個產品或服務完成的能力，換句話說，等級低時，我們可能只會一個產品某一部分的加工，比方說新手廚師只會切魚、洗碗或調醬料，但是到了等級六之後，你得開始有能力，從頭到尾地從備料到烹飪以至於到調味，全部自己獨力完成，如此方能逐步走上工匠之路。就算你現在只是一個總務、財務、法務、秘書甚至是個小助理，也要開始逐步訓練自己做到獨立判斷、從頭到尾完成工作流程、從無到有完成某項服務，只要能夠做到這樣，那你必然也會變得越來越重要。

如果你是想走總管之路，連結力則是一個明確的價值。連結力比較像專案經理這樣的角色，能協同不同專業的人，幫忙規劃時程、安排工作順序、計算成本、跟客戶談範疇、搞定利害關係人，並在有限資源中取捨與平衡。若講得更簡單一些，就是具備Do the things right的能力，既使需要跨部門合作，組員間互不熟悉，靠你的努力仍可平順地完成。這絕對是具有高度價值的能力！

●等級七●整合力：把資源結合在一起的能力

整合力指的是能協助把各類資源結合在一起的技能，類似演藝圈的製作人，把資金、人才、創意、技術整合在一起，然後創造出更有價值的東西。

所以對行腳商人而言，「商業人脈」與「貨暢其流」是關鍵字；對工匠而言

「技術人脈」與「技能整合」是關鍵字；而對總管而言，「平衡協調」以及「跨專業溝通」就是關鍵字。讓自己能把手邊的資源整合起來，滿足市場上一個更大的目標，自然就會在這個過程中變得更值錢！

當具備這樣的能力與價值時，是不是在企業中占職缺就變得不太重要了。金主想投資，你可以幫忙媒合好的投資標的；別人需要問題解決，你有認識的人媒介；發現好的商品，你能整合運送到有需要的地方。如果彼此的商業模式合宜，通常也能分到不錯的報酬。

●等級八●創新力：開創新事物的能力

在此所指的創新，包含了技術上、流程上、服務上以及商業模式上的各種創新，具備此等能力的人，通常能夠根據不同的職能路線，完成不同的事情。

總而言之，等級八比等級七更厲害的地方，在於能夠有眼光看出既有模式的問題，又能創造出新模式，而創造力有個關鍵，就是必須來自於「根基穩固」，了解既有模式的優點與缺點。重新設計整個架構，強化優點、降低缺點，而且在合宜的投資與投入下完成，只要具有這樣的規劃、技術或協調的技能，當然就能展現出一個更高層面的價值。

●等級九●達人：自己成為品牌

如果你在任一領域努力夠久，你便有可能成為該領域的大師。使自己成為品牌，而且會獲取超額的社會敬重以及財務報酬。當你在某個領域努力夠久，大家都知道你的名號了，那麼你的名字就會變成你的名片。能做到這點，當然對旁人而言，這便是極高的知覺價值！

換言之，成為大師的關鍵除了對某個東西有精熟的了解外，名氣累積、造就的「品牌溢價」將是另一個附加價值，而這溢價有可能比跟競爭者實際能力的差異多出好幾倍。

舉別人的例子或許有點不禮貌，在此姑且用我們自己當實例好了。同樣是當顧問，大前研一的收費可能是我們的十倍。但你說他真的比我們聰明十倍嗎？可能沒有，畢竟聰明這東西恐怕根本無法被這麼明確地量化，但以他的名氣、經驗、長年的經營、品牌產生的信任感，種種因素讓大家更加樂於付高價找他。此外，對政府或是保守的組織而言，名人或大師更是安全無比的選項（承辦人的OS：我們都找大前研一來研究了，若立法院還不滿意，那還能怎麼樣？）。

●等級十●T型大師：具備多項特質的達人

你以為成為某個領域的大師就是屬性封頂了嗎？其實還有辦法能夠繼續提高你在別人眼裡的知覺價值。如果你對某個領域已經很有研究後，那麼便應該開始涉獵於另一個路線的知識，設法成為跨領域的大師。

畢竟未來是必須跟其他路線的達人們一起合作的時代，如果你只懂自己的專業，完全不想學習別種路線的關鍵技能，那最後你就會缺乏跟其他專業者溝通的能力，然後在跨界合作的案子上，開始感到吃力……

但相反地，如果你具備一個路線的專業，同時又肯學習其他專業的能力，這時哪怕只是粗淺的了解，往往都能讓你更容易與他人合作，進而發揮加乘的效果！

賈伯斯就是一個最好的範例。他將工匠路線做到極致，然後開始試著成為行腳商人，從產品設計、整合、該用什麼技術、該用怎麼樣的設計，上述各種專業知識他都有。此外他又有明確的市場洞察力，了解市場要什麼，並以此決定如何取捨產品的功能，訂出市場接受的最高價，甚至還能說出動人的好故事來讓市場對Apple的產品產生迷戀與感動。

●等級十一●領導與經營力：最小戰鬥單位的領頭者

最後，若你能領導一群T型特質的專家，或是協助讓一個組織順利營運，那麼你的溢價也會變得很高，成為職場上的搶手貨。範圍小一點，可能是一間店的店長，若說得大一些，便可能是某家企業的總經理或董事長了。

這樣的角色通常是前述多項能力的集合體，除了得懂該企業的核心技術、有銷售力、創造力以外，更擁有商業遠見，以及高度的應對能力，甚至還要擁有經營管理的知識，能夠做好內部的流程設計，既興利又防弊。能從無到有地訓練、帶領員工，把事業穩妥地維持住。到了這個階段，無論你與你的團隊是在公司內部擔任一個事業單位的營運、一條產品線的經營、一間分店的運作，或是獨立經營一間公司或是事業體，相信你都有辦法跟各類不同的專業團隊合作，並有餘力去思考發展策略、經營方針、人員架構、典章流程，讓組織得以長期生存！能做到這一步，你勢必成為萬中選一的高級人才了。

設立目標❸

「最小戰鬥單位」：的職能路線圖

掌握了知覺價值的概念後，接下來我們來看看「職能路線圖」。下圖呈現了提升職場競爭力的建議方向。

	平凡人 屬性路線	行腳商人 屬性路線	工匠 屬性路線	總管 屬性路線
LV11		領導與 經營力	領導與 經營力	領導與 經營力
LV10		T 型大師	T 型大師	T 型大師
LV9		達人	達人	達人
LV8		市場 創新力	技術 創新力	組織 創新力
LV7		市場 整合力	技術 整合力	組織 整合力
LV6		銷售力	建構力	連結力
LV5	傳承力			
LV4	感知力			
LV3	多功能			
LV2	單功能			
LV1	普通人			

你可以把這路線圖想像成電玩的技能樹，從中可以清楚看到我們怎麼從低等級成長到高等級的可能路線，我們大部分人都是從「平凡人屬性路線」開始，直到LV5之後，則可能轉職到「行腳商人」屬性路線、「工匠」屬性路線或是「總管」屬性路線，而等到我們升級到LV9之後，我們可以跨路線成為具備多屬性的更強大的人才。

至於每一等級的詳細定義，以及所需培養的外顯條件，則請參考下表的說明：

等級	路線	名稱	定義	舉例	須具備的外顯條件
1	平凡人之路（基礎路線）	普通人	缺乏特色的單純好人。以賣時間或勞力為主，可取代性高。	公司中不需要特定技能、容易被替換、負責重複性事務的小螺絲釘。	聽從指令 不具個人特色 無法用五句話形容自己

等級	路線	名稱	定義	舉例	須具備的外顯條件
2	平凡人之路（基礎路線）	單功能	有一項被市場需要的賣點或技能。工作仰賴公司所界定的職務規範。換言之，機會來自於別人界定的職務分類，透過過去學習的相關技能來取得工作。大部分照著學校科系分類，沒有思考自己方向，但專心學會了單一技能並順利畢業的，很可能都落在這分類下。若公司商業模式轉變，或是產業變遷，就可能失去工作。	JAVA工程師、美工、IT、工程師、財務專員等。	有一項符合經濟價值的技能。

3	平凡人之路（基礎路線）	多功能	跟2相同。唯一的差異在於主要技能外，又有旁支技能。這是一般人自我提升時，常見的做法。	機械工程師去培養英文能力。或是行政專員去學Photo Shop或是學Excel VBA之類。	有一項符合經濟價值的技能。兼有旁支技能。
4	平凡人之路（基礎路線）	感知力	有能力理解別人的痛苦、具備政治敏感度、或能預先掌握需求（主管或客戶），協助解決麻煩。	任何職位，只要能比周圍其他人多想一步。或是具備特別能力，別人把問題丟給你，你可以輕易擺平。	不僅僅是聽命辦事。預見問題的能力。預先規劃與思考解決方法的能力。敏感度。
5	屬性分歧點	傳承力	能把自己會的技能複製，並帶出跟你做事方式類似的新人。如此當團隊擴充時，才能不斷茁壯！	能扮演一個小組的組長。能帶新人。	具備教練的能力。能體察並輔導別人的不足。具備教導耐心。能把工作方式規則化與標準化。

等級	路線	名稱	定義	舉例	須具備的外顯條件
6a	行腳商人屬性路線	行腳商人初階：銷售力	能找到買方，並把既有商品推銷給對方。或具備行銷力，讓市場理解我手上的商品並來購買。	業務員、銷售員。	銷售技巧 察言觀色 交涉技巧 行銷知識
6b	工匠屬性路線	工匠初階：建構力	自己了解某項技術的前後流程、順利完成某種形式的產出物。如麵包師傅、系統建置、法律顧問、財稅專家、廚師。	麵包師傅、具備技能的工程師。	專精於某一事項（法律、技術、財務等）且比周圍人優秀。這項技能必須要有明確的產出物，不能只是加工過程的一環。
6c	總管屬性路線	總管初階：連結力	協調具備不同技能的幾個人，共同把工作完成，監控進度、調整計畫以達成目標。	類似小PM這樣的角色 Do The Things Right	能扮演類似PM的角色 具備規劃能力 具備協調能力

7a	7b
行腳商人屬性路線	工匠屬性路線
行腳商人中階：市場整合力	工匠中階：技術整合力
聽到各種機會，透過掌握人脈、貨暢其流。傾聽理解別人的問題或需求，並能統整出合宜的人或商品，以解決市場上的需求。說出好故事，讓市場理解與感動。	掌握人脈、技術交流。理解市場的需求，並能整合不同技術者提供一個全面的「解決方案」。
類似電影的製作人。 類似產品經理。	類似電影的導演、美術指導、攝影指導等。 初階工匠是能根據既定菜單完成一道菜的廚師；中階工匠是要能根據客戶需求設計菜單，完成一桌菜。 初階工匠可以根據客戶所需完成網頁設計；中階工匠可以幫
理解需求 有效傾聽 人脈廣 兜出一個解決方案的能力	理解市場需求 把技術人員整合完成相關目標 能設計並引領其他技術工作者製作出一個「解決方案」 （初階工匠是有能力完成單一產品；中階工匠要能提供解決方案）

等級	路線	名稱	定義	舉例	須具備的外顯條件
				客戶解決「想在網路曝光」的整個服務。（可能包含架站、粉絲頁、防網路攻擊、SEO優化等）	
7c	總管屬性路線	總管中階：組織整合力	根據每次的狀況，設計工作流程、調度人力、資源分配、協調並解決問題。能從事「跨專業」溝通與領導。能獲取商業人的需求，帶領技術人，在平衡的成本與時間達成目標。	類似電影的製片經理 類似大PM的角色	流程視覺化的能力 跨專案管理的能力 進度控制 成本與會計知識 管理調度能力 流程設計能力 行政、電腦系統、與後勤支援
8a	行腳商人屬性路線	行腳商人高階：市場創新力	洞見市場趨勢，從服務流程創新、體驗模式創新、收費模式創新、行銷模式創新、以嘗試出新的商業模	類似行銷或策略長	Design Thinking 行銷學知識 網路行銷知識 心理學知識 商業模式知識

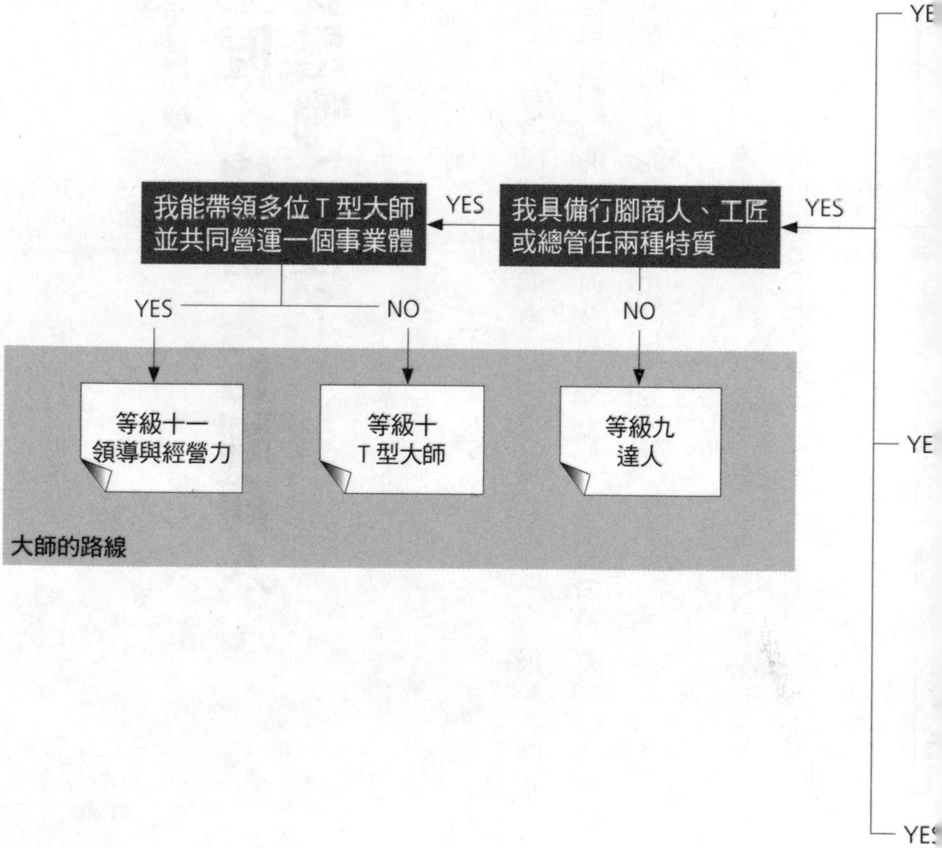
我能帶領多位T型大師
並共同營運一個事業體
YES
我具備行腳商人、工匠
或總管任兩種特質
YES
YES
NO
NO
等級十一
領導與經營力
等級十
T型大師
等級九
達人
大師的路線
YE
YE
YES

設立目標❹

工匠、總管、行腳商人，我是哪一種？

如果你身邊已經有幾個志同道合的夥伴組成了「最小戰鬥單位」，或許你會好奇自己團隊的實力如何？到底這是一個適合面對未來環境的合宜團隊，或其實只是同樣技能聚在一起的「同好會」？

這邊我們為讀者準備了一套分析工具。你可以根據自己（若你現下還只有一人）或是所有人的狀況來給予評分。

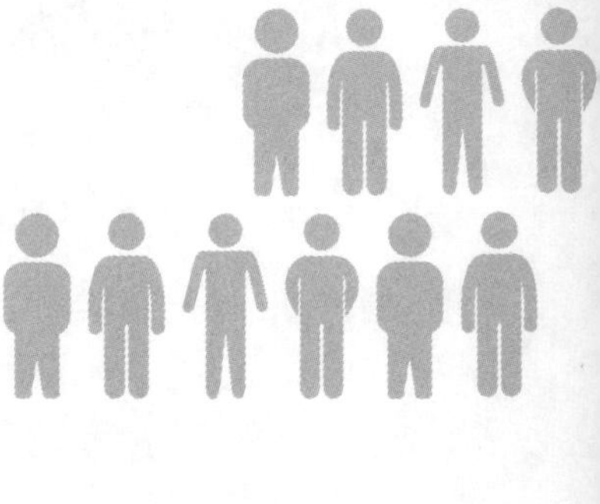

請記得，團隊的目的是為了分工以及截長補短，所以你只需要考量團隊中最強那位的狀況即可。每一分類下各有十一個問題。前五題分別是一分，第六到第八題是兩分，而第九到第十一題則是三分。各分類的總分是二十分。當三個分類的分數都計算出來後，可以在最後的雷達圖上畫出你團隊的屬性分布。

好的團隊應該三邊都很接近。就算三邊都還很弱，最少表示你已有三個領域專才的角色。這樣彼此慢慢成長，並非壞事，最怕的是某一邊非常強，其他則太弱，若是這樣，你就該好好找尋能補足團隊弱點的夥伴，並讓他加入你的團隊才是！

行腳商人特質評分

項次	該具備的特點	你團隊的得分
以下各問題若為是，可得一分		
1	我或我的團隊中，有人喜歡與他人接觸。	
2	我或我的團隊中，有人擅長與他人溝通。	
3	我或我的團隊中，有人具備產品銷售能力。	
4	我或我的團隊中，有人善於產品宣傳與推廣。	
5	我或我的團隊中，有人具備行銷或銷售經驗。	
以下各問題若為是，可得兩分		
6	我或我的團隊中，有人很能掌握市場的需求。	

7	我或我的團隊中，有人善於故事行銷並塑造商品價值。	
8	我或我的團隊中，有人能掌握客戶需求與痛點，並能「兜」出一套解決方案。	
以下各問題若為是，可得三分		
9	我或我的團隊中，有人善於洞見市場需求，並預先規劃商品／服務。	
10	我或我的團隊中，有人善於商業模式的創新。	
11	我或我的團隊中，有人擅長品牌形塑。（包含定價、通路、市調、品牌策略等知識）	
	總分	

工匠特質評分

項次	該具備的特點	你團隊的得分
以下各問題若為是，可得一分		
1	我或我的團隊中，有人十分熟悉自家的產品／服務。	
2	我或我的團隊中，有人本身是產品／服務的原創者。	
3	我或我的團隊能有效掌握產品／服務的核心優勢。	
4	我或我團隊中，有人擁有足夠能力來處理細節的技術問題。	
5	我或我的團隊目前在商品提供、技術支援、或服務流程上能有效滿足市場需要。	
以下各問題若為是，可得兩分		
6	我或我的團隊有能力帶領其他專業人員完成產品／服務的提供，以因應規模擴大、市場擴張等需求。	

7	我或我的團隊與產業供應鏈上的其他夥伴保持聯繫或有合作關係（如軟體團隊認識硬體團隊）。	
8	我或我的團隊能理解客戶的使用情境，有能力結合異質技術團隊提供「整體解決方案」。（軟體團隊能與硬體團隊合作，提供客戶更全面的系統）	
以下各問題若為是，可得三分		
9	我或我的團隊中，有人善於傾聽使用者需求，並有效提出產品／服務的改善建議。	
10	我或我的團隊中，有人具備新產品、新技術、或新服務的研發能力。	
11	我或我的團隊中，有人擅長美學設計、使用者介面、使用者便利性、或使用者體驗等專業。	
	總分	

總管特質評分

項次	該具備的特點	你團隊的得分
以下各問題若為是，可得一分		
1	我或我的團隊中，有人擅長專案的規畫。	
2	我或我的團隊中，有人擅長控制專案進度。	
3	我或我的團隊中，有人善於人際協調的工作。	
4	我或我的團隊中，有人善於文書處理作業。	
5	我或我的團隊中，有人具備可靠的後勤支援能力。（總務、人事、請款、發票、電腦維護等）	
以下各問題若為是，可得兩分		
6	我或我的團隊中，有人善於規劃流程制度或工作規則。	

7	我或我的團隊中，有人擅長多專案工作規劃、人力協調、文件管理、風險管理、與進度控制等工作。	
8	我或我的團隊中，有人具備財務與會計知識。	
以下各問題若為是，可得三分		
9	我或我的團隊中，有人善於找出工作流程瓶頸，並有效進行改善。	
10	我或我的團隊中，有人具備知識管理與知識再應用的能力。	
11	我或我的團隊中，有人善於將組織策略轉變為專案，並能有效執行。	
	總分	

根據「工匠、行腳商人、總管」各項的積分，在雷達圖中描繪出你的團隊現狀。由此亦可看出你的最小戰鬥單位是平衡發展、同質性過高或是處於有待成長的階段，後續也可以依此做為教育訓練或是人才招募的起點。

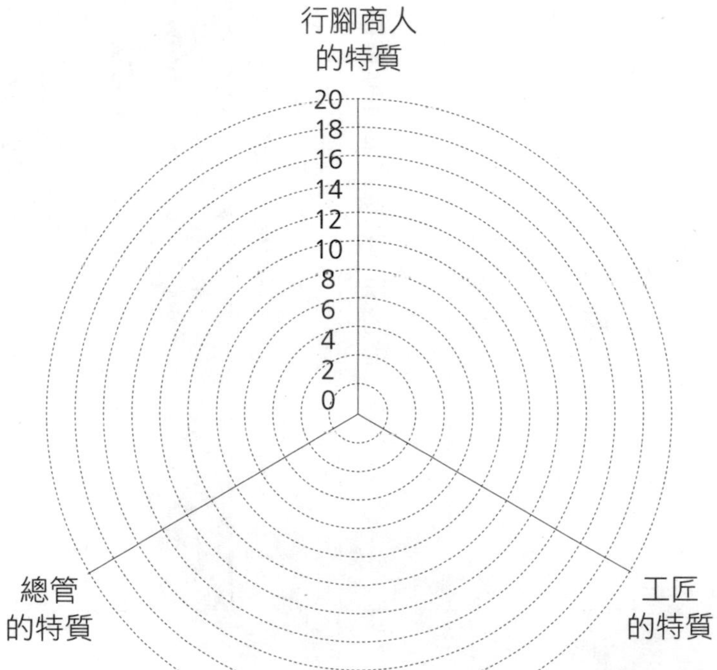

設立目標❺

說起個人品牌，你正是最佳代言人

這本書截至目前所談到的概念，都一直圍繞著一個關鍵字，也就是「知覺價值」這四個字而來。

知覺價值的重點，在於我們依賴的不再是名片、大公司的頭銜，或者一廂情願地苦勞與投入，完全在於我們是否能理解別人所需，並有效地滿足需求。若能做到且這能力廣為大家知曉，我們就能被社會認同，進而取得更高的競爭能力！

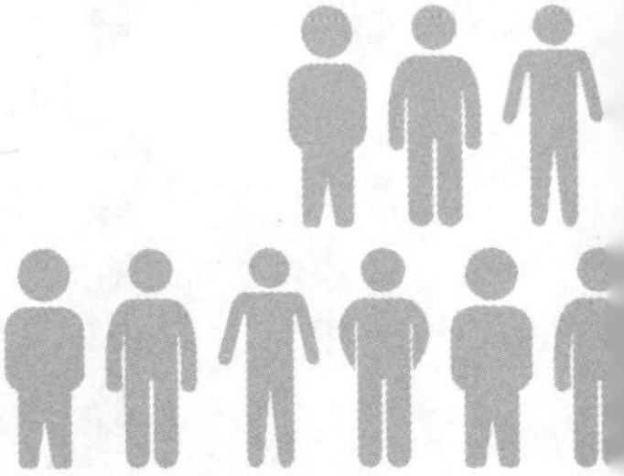

尤其當大型組織不再吃香，「工匠」「總管」與「行腳商人」這幾項關鍵職能重新抬頭時，我們除了在這些能力上提升外，更得花些力氣讓外界認識自己以及最小戰鬥單位的夥伴們。

目前大部分的人，往往只顧著埋頭做好自己手邊的事情，對於建立人脈、自己在職涯上的能見度則疏於投資，殊不知提升自己的能見度，其實是一件很重要的事情。無論你是打算創業或是繼續當上班族，逐步發展出屬於「自己的品牌」，肯定是一件非常重要的事情。

具備獨立成事的能力，競爭實力舉世無雙

可能有人會質疑，「建立自己的品牌真有這麼重要嗎？」或是「建立自我品牌有這麼急迫嗎？」

我們覺得，以自我品牌做為基礎的最小戰鬥單位的時代，有可能比大家想像得更快到來。

單就現況而言，已有許多大公司的工作是逐漸外包出去的，而這趨勢必然會越演越烈。外包，有可能是包給另一間公司，也很多是外包給有技能的「自僱者」。這些自僱者本身可能是足以獨當一面的技術人員，是個人顧問，或是幾個具備特別能力的人，這些人其實就已經摸對了風向，甚至已經是我們在書中所介紹的「最小戰鬥單位」的雛形。

事實上，我們這幾年就曾跟很多這樣的自僱者合作過，也發現周圍冒出越來越多這樣的人。他們找到合適的夥伴並一起接案，有人面對客戶，有人負責後勤，也有人負責提供產品，畢竟對很多年輕人而言，他們覺得與其進入大公司領 22K，倒不如自己當個 SOHO 族還可以接觸更多人，服務更多公司，自由度也高些，且賺的收入有可能還會更好也說不定。所以在薪資福利持續低落的狀況下，已有越來越多的年輕人並非一定要選擇進入大公司工作。此外，若成為一個自己能獨立運作的品牌，其實也是「降低人生長期風險」的好辦法。因為你一樣還是協助各公司做著自己擅長的事情，可是萬一A公司有問題或不再需要這項業務時，你手邊還有B公司、C公司，甚至是D公司……

唯一可惜的是，這類自僱者通常還不是戰鬥單位的完成體，大部分還是專精於處理單一細節（如寫網站），而且團隊中成員的同質性也往往太高（兩、三個工程師一起開業）。但長期而言，要能在競爭的環境中提升存活力，就必須兼顧「工匠」、「總管」以及「行腳商人」這幾項屬性平衡發展，順著職能路線圖的內容去提升團隊的知覺價值，這樣才會具備充分的實力！

成功行銷自己，你就是最好的宣傳

看到這裡，有人可能又會問說，「我幹嘛不先在A公司安分地當個小職員就好，等到A公司有問題時，我再去找其他類似的工作即可，或是到時候再來轉型成為獨立的工匠並找尋其他夥伴也還不晚啊？」

但話雖沒錯，可是要這樣做，那你必須具備足夠的危機意識，也要很用心地鞭策自己，努力地經營自己。除了你本身的技能外，可能還需要開始學行銷、懂經營、了解通路、銷售以及整合你自身專業的上、下游人員。更重要的是，無論你是上班族、學生、專業人士或自僱者，你都要想想怎麼「擦亮你自己這個品牌」，讓別人一旦遇上某個問題，就會立即想到你。

這有兩個目的，一個是自己的品牌越響亮，越容易找到能力強的夥伴。若你不是一個既厲害又有名的工匠，知名的行腳商人或總管為何會想加入你的團隊？有能力的人當然也想找到有能力的夥伴來提升、成就彼此，所以你除了技術與知識很厲害外，更必須要讓周圍的人都知道有你這號人物。

第二個目的，在於知名度能幫你帶來好的機會。畢竟別人為何需要雇用你（或你的團隊）？通常都是因為「你具備解決特定問題的能力，有辦法把某個交付物從頭包到尾，是該領域中少數的專家，甚至是找你幫忙的總成本最低……」，所以整合上、下游的能力、面對客戶與市場的敏銳度、管理知識與技能，甚至結合其他工匠的專案統籌等技能，每項都是很重要的修練。可是，就算你這麼厲害，要讓別人願意主動來找你，你還是必須讓所有潛在的客戶都能知道有你這號人物在……

就算你壓根兒沒打算創業，你能讓自己團隊的知名度被同領域的人知道，也是有好處的，你可能因此會有更多機會參與有趣的專案，而有趣的專案通常也代表能更有效的提升團隊經驗值、提升眼界並且認識更多更棒的人，也能讓更多更棒的人認識自己。這樣的事情一旦重複幾次之後，就會變成一個強大的正向循環，為自己以及團隊帶來更強大的幫助。

但這些都必須要依靠自己主動出擊才有可能發生，如果只是被動地等待，那機會很可能就會差人家一大截。畢竟現在公司組織的分工太細，身處其中的很多人多半不會意識到，完成一件工作，需要整合多少其他的知識及技能才行。我並不是說這些修練一定要出來獨立才能學到，但在大公司窩著時，你更必須很有意識地學習其他方面的技能，並且努力打響別人對你的認識，那麼才有機會養成這個人的個人品牌印象。

但遺憾的是，很多人只是毫無意識地上、下班，每天只知被動地處理老闆交代的事情，在茶水間聊天打屁，上FB貼文按讚，等著下午吃雞排、喝珍奶，在六點下班時間還未到時便想著等一下要去哪裡玩。十年如一日地度過了，那恐怕就是把自己暴露在高風險之中了！這樣你就越來越沒有拋棄公司的本錢，也越來越不敢離開公司的庇護，萬一哪天職位不保，公司打算要外移或不再需要你這樣的技能時，你能保證自己能順利找到另一個類似的職缺？屆時是否有機會變成另一個自僱者？想到這邊，其實是充滿疑慮的……

趁年輕多做嘗試，即便失敗也不可惜

在很多場合裡，都會遇到有人問我們當年為何會想自己創業？老實說，我並不是因為什麼夢想或理念而興起創業的念頭，若真說有什麼理由，恐怕還是因為「恐懼感」。

想當年拜讀羅勃特．清崎那本暢銷書《窮爸爸．富爸爸》時，讓我對窮爸爸選舉失敗後那段人生的描述，印象實在太深刻了。他說窮爸爸當年是夏威夷的公務員，在競選失敗後卻也回不去原本的工作，這時候他開始有了自行創業的念頭，甚至以為那是很簡單的事情。但是等到拿出畢生積蓄加入冰淇淋連鎖店，這才發現經營問題其實是千頭萬緒，而自己竟然從未學過相關的技能。在缺乏經營知識，沒有相關經驗，卻又不願找人協助的狀況下，最後生意慘淡，弄得血本無歸，整個人生就此卡關了。

創業搞到血本無歸，是絕對有可能發生的狀況。我覺得越年輕碰到越有機會由失敗回復，若等到年老了才發生，那就真可能「一次發生就此成定局」，所以我才會在很早的時候，就覺得應該盡早出來試試看。與其待在一個穩定的環境看書學習，不如直接在真實的市場中學習創業需要的各種技能（也果然很快就發現，只懂本業的知識根本不夠，還有超多其他的知識急需養成）。當然也算是運氣好，雖然一路跌跌撞撞，但在邊走邊學的情況下，竟也勉強走到現在的局面了。

打造個人品牌，找出最大價差

當然，大家不用激進地決定馬上出來成為獨立的工匠、總管或行腳商人，畢竟大環境的崩壞也不會在這一、兩年間就發生。但即便如此，我們依舊覺得所有的年輕讀者應該提早思考自己的下一步，還有該如何經營「自己這個品牌」？畢竟接下來你還有最少三十年的時間需要工作、賺取收入，但顯然台灣已經不再是一個「好好讀書，找個穩定的大公司，就能安穩做到退休」的時代了。沒有穩定的大公司可以做後盾，那麼你就得靠自己這個品牌才能找到工作，被人記得，甚至以此立足。

就算現在飯碗還算安穩的朋友，也建議盤點一下自我能力，並且開始考慮日後應該累積哪些職能？這想來也應該不是一件壞事，甚至可以想想是否要在正職以外，另闢一個「屬於」自己的事業？比方是先趁下班或放假時，培養一種能被大家認可且佩服的技能，或是創造一些兼職的機會，等到日後若能讓別人認可你甚於認可你的公司，是因為需要你而不是需要你的公司；大家爭先外包工作給你，是因為你（或你能整合來的團隊）能獨立解決某個問題，那你也就是實質名歸的工匠、總管或行腳商人啦！

設立目標 6

別成為不敢要、不願賭卻又不服氣的職場魯蛇

雖然理性告訴我們，「讓自己成為品牌」絕對是未來職場上的優勢策略！然而，我們都是情感動物，一些無謂的恐懼、自尊與嫉妒心卻常常干擾我們思考，若無法好好看清這些情緒的本質，一不小心就會走進職場魯蛇（Loser）的陷阱之中！

以前在美國上班時，公司每年會進行兩次的員工績效考核（Performance Review），一次在年中，一次在年底。年底那次比較盛大，除了要登入公司的

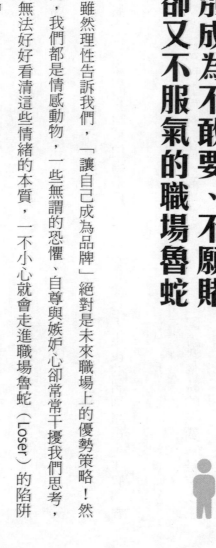

人資系統填寫一大堆個人發展資料之外，重頭戲就是「主管約談」，內容就是和直屬主管聊聊未來個人發展的方向，以及如何和公司的策略目標相契合之類的，相信國內很多公司也在做一樣的事情。

你知道的，這種場合其實跟相親差不了多少，雙方表面上故作輕鬆，各自講些場面話，卻同時暗自在心裡估量對方。老闆心中的OS多半是：「這小子拿完年終獎金恐怕也要閃了？」而員工心中的OS則是：「今年該輪到我考績打甲等了吧？」心裡的真話恐怕還是只能在茶水間或是下班後的居酒屋裡，才有機會聽到。

不過有次和主管的對話，倒是讓我印象深刻。記得我當時的老闆（是位土生土長的美國白人）把我叫到他的辦公室，兩個人坐下來後，他開始跟我說了一段故事：

多年前我有個部屬，是個華裔的女生，她的工作表現非常優異，我們合作相當愉快！但後來有天她無預警地遞出辭呈，不論我怎麼問原因，她只悠悠地說是個人因素，雖然我試著挽留，但她還是離開了。

這件事讓我既覺得莫名其妙也很挫敗，於是我透過她的一位好友去探訪，得到的原因是，我最近擢升了一位部屬而沒有升她，讓她覺得非常受傷，甚至有被欺騙的感覺，所以就決定離開公司，去找一個更能欣賞她的地方。

這件事情給我很大的震撼，其實我原本就希望她能升上來當主管，但我問過她幾次，她的反應始終非常謙遜，甚至有點惶恐和緊張（這是老外眼中的景象），公司曾有幾個棘手的專案，我跟她說妳是我認為團隊裡最優秀的人，妳是否願意試試看來主導，她卻告訴我團隊裡某某也很優秀，她只是做好份內的事情，並沒有這麼優秀。

我當時的解讀是，她可能只想專注在技術面，並不想擔任管理職，或是承擔更重大的責任，因此我把位子留給了另一位積極爭取的同事，畢竟當主管是個不小的挑戰，我得確定當事人有強大的意願才行！但後來證明我錯了，我對亞洲文化的認知是有誤差的，所以如果你對職務有任何的想法或需求，請務必直白地告訴我，讓我了解你真正的想法！

適度地謙虛很好，但必要的爭取可別錯過

這段談話中那位華裔女生的反應，其實讓我有種似曾相似的感覺。以前當學生的時候，每隔幾天都會出現投票表決的場景：要不就選班長、選幹部，要不就是選人去參加各種比賽，好比奧林匹亞數學競賽之類的。通常在表決前，老師或班長都會先問有沒有人自告奮勇。我發現有種人，從來不會自願舉手，但當有別人勇敢舉手時，他們又會在下面竊竊私語甚至露出訕笑，一副「連你這種程度也敢自願」的模樣。我其實非常討厭這種人，有次是我當班長，我就對

著那幾個竊竊私語的同學說：「你們有興趣自願嗎？歡迎喔！」你大概猜得到他們的反應，馬上瘋狂搖手說：「喔喔喔……沒有沒有，我哪有那麼厲害！」

我在國外求學、工作與生活多年，從來不覺得華人在本質上有不如西方人的地方。但這種自己躲在安全處，然後嘲笑冒險者，等著看別人失敗的心態，還真是讓人不敢恭維，而且似乎從小到大都不難遇到。小學的時候，大家學會避免舉手回答老師的問題，因為不回答沒事，要是答錯了，則會引來這類同學的嘲笑，不划算。至於現在網路發達，人人都是鍵盤評論家，這樣的酸民文化更是發揮得淋漓盡致。華人真的是個精到骨子裡的民族，反正多做多錯，不做不錯，既然沒錯，誰也不能批評我的不是，沒有輸就是贏！

那段美國主管的對話，引發了我心中的疑問：從小父母長輩就教導我們，凡事不邀功、不爭取，默默努力自然會被肯定，難道這樣就真的就是「謙虛的美德」嗎？其實今天的我，有一些不同的看法：我們每個人的心中其實都住著一個精明算計的小精靈，他總是會找出一條對我們自己最舒適也最安全的路！

坦誠面對期待，盡力達成目標

面對升遷，面對加薪，面對福利，我們「不敢要」；面對新的挑戰，未來的不確定性，我們選擇打安全牌，「不願賭」；但是也有別人真的去爭取了，也真的得到了，我們卻又變得「不服氣」：平常默默耕耘的是我，是這個主管太不懂得看人，果然會吵的就有糖吃，那種手段我才不屑！

如果你或周圍的人曾經有過這樣的魯蛇（Loser）心態，別太在意，那只是心中那個小精靈為了保護我們的「自尊」來亂的。「不敢要」背後的機制其實不是謙虛低調，更不是什麼知足常樂的美德，而是小精靈擔心我們要是主動爭取被拒絕，一方面很丟臉，另一方面就失去了「可以責怪的對象」。以前薪水差，職位低，我們可以怪老闆識人不明、怪景氣不好、怪辦公室裡妖孽太多，但要是主動爭取還被拒絕，或是當上主管卻表現不佳，就明擺著是自己能力不夠，怪不得別人。因此，怕我們自尊受傷的小精靈是絕對不讓我們這麼做的。

除了自尊心，小精靈另一個保護的重點，是我們的「虛榮」。他希望我們是個默默努力、犧牲奉獻、不求回報的好人。總有一天，就像白馬王子來拯救公主一樣，我們的努力終究會被發現，老闆、客戶、和同事會為我戴上皇冠，牽著手繞著我歌唱，我的辛勤耕耘終於獲得大家的肯定，苦盡甘來。重點是這一切都不是我自己去爭取來的唷，純粹是大家終於發現了我的好！可惜的是，在小精靈管不到的地方，我們仍保有自己的真實情緒。當我們在職場上的發展不如預期時，我們開始感到「不服氣」，這時候多數的人會衍生出兩種不一樣的心態，這兩種心態各自帶領我們走向不同的道路：心態一是忌妒（想把別人搞爛）；心態二是羨慕（想把自己變好）。

如果走到了忌妒的國度，保護我們自尊與虛榮的小精靈又會出來主導，他告訴我們，我們沒有錯，是公司的錯，是老闆的錯，我們應該換個部門、換個公司、甚至換個產業，總會有個完美的世界在等著我們。至於既得利益者，我們要找機會戳穿他們的真相，讓「正義」得以伸張！如果走進了心態二，也就是羨慕的領域，我們會開始反思自己到底在乎什麼，想要高薪嗎？想，想要升職嗎？要。為什麼有人被加薪又被升職而我沒有？小精靈這時可能又會跳出來說，因為那傢伙是馬屁精呀！這時我們會把他一腳踢開，因為我們需要的不是無謂的自尊和虛榮，而是該坦誠面對自己的期待，然後客觀地找出達成目標的方法！

懂得要求絕非壞事，爭取機會邁向高峰

曾經有位商場上的前輩告訴我，職場成功之道就是保有一顆「赤子之心」，這對我非常受用，這裡想要再跟大家共勉。所謂赤子之心就是，當小孩子想要某件東西的時候，他們往往不諱言地大喊：「我要！」然後不顧一切地爭取，

好像要不到就沒有明天似的。但如果真的要不到，他們大哭一場，過了兩天也就忘了，繼續朝向下一個想要的東西前進。我常觀察身邊的成功人士，我發現他們多半有高昂的「自信」，敢要、敢賭、敢犯錯。而憤世忌俗的魯蛇展現出的，則多半是不可侵犯的「自尊」！

那天的面談中，聽完了我主管講的故事後，我咬緊牙根趕走我心中的小精靈，堅定地回了一句：「我了解，不過我和那個女生不一樣，我隨時準備好接受更大的挑戰。」我的主管微笑著對我點了點頭。兩個月後，他升上了副總裁被調任到另一個專案，臨走前也順便把我給升職了！

那次的經驗讓我學到很多，只要你敢要，願意賭，那就不用不服氣！

輯三
規劃策略

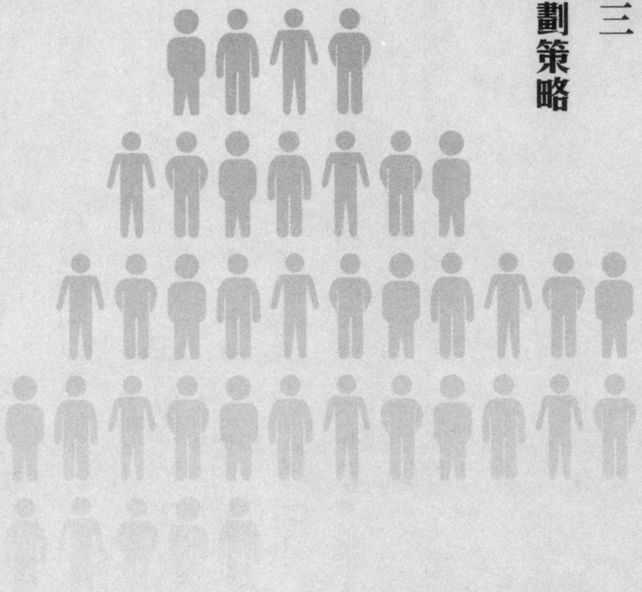

機會、挑戰同時來臨，你準備好了嗎？

當大家了解知覺價值的十一個等級，以及分析過你自己或是周圍的夥伴是否符合「最小戰鬥單位」的概念後，接下來，我們會特別針對職能路線圖中的幾項能力，提供一些我們建議的事項。

這可能包含心態上的改變、策略上的調整、或是人際上的忠告。相信看過這個章節後，大家對於繼續往職能路線的頂端前進，絕對會更有信心！

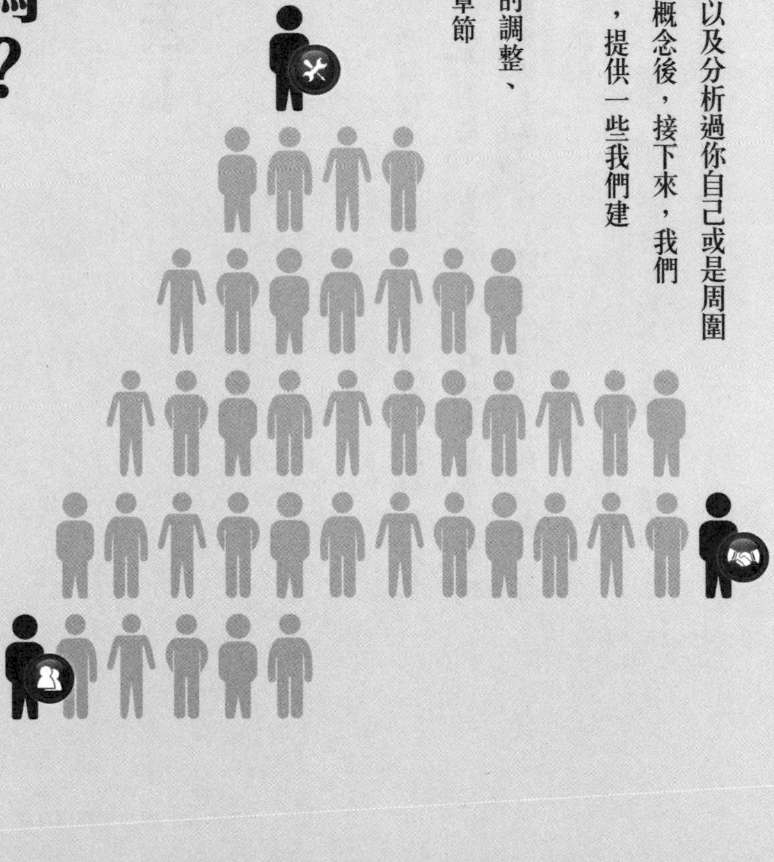

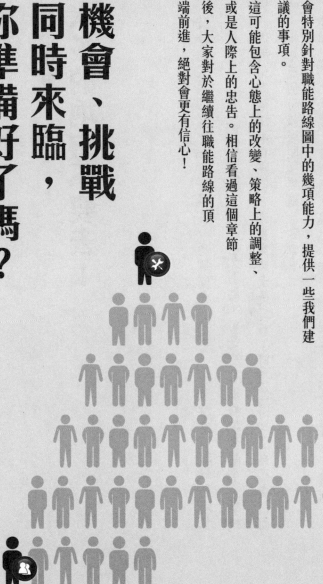

規劃策略❶

人多的地方不要去！

父母總跟我們講：「好好讀書，念個碩士或博士，將來就會有輕鬆的冷氣房工作。」在他們的年代，這或許是對的，可是隨著世界越來越平，學校對我們的幫助卻逐漸在降低。讀書當然還是好事，可是你得知道自己為何而唸，也知道何時該離開學校進社會看看。

本章節的第一篇，作者希望提供給尚未踏入社會，或是還在知覺價值 Lv1 或 Lv2 的朋友們，一個截然不同的思考方向。

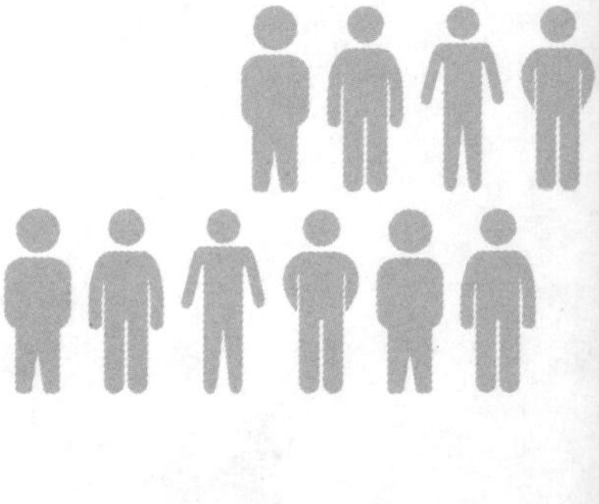

我們非常相信事物的變動，是永遠在兩個極端間不停的相互流動。當某個東西被推到極限時，就會開始走向衰敗。衰敗未必會導致消失，然而衰敗走到了某一個點之後，往往又會開始興旺起來。

簡單地說，就是老子所謂「物極必反」這四個字。

股市最可以看出物極必反的循環概念，漲得過高，價格會往下修正；跌得過深，會有人搶進收購。換言之，價格隨時處在修正的狀態，隨時由一個極端會往另一個極端流動。

世界不可能是公平的，你要的得靠自己創造

廣設大學、提高基礎教育，一直是過去幾年教育改革的理念，出發點似乎是源自於一種公平思維，支持的人恐是覺得學歷是工作的基石，所以產生一個簡

單的邏輯：「如果能讓更多人讀大學，就能讓人人都有好工作。人人都有好工作，人人就能賺大錢。人人賺大錢，貧富差距降低，社會應當能更和諧，三民主義的均富目標就能因此實現啦！」

但這個假設忽略了一件事，社會的基本運作邏輯是經濟學，而不是人本科學的公平正義。當你增加某樣東西的供給後，那東西只會迅速貶值，但「不平等」還是會存在著，只是計量所用的媒介將會因此轉移成別的東西罷了。就如同大量印鈔票一樣，鈔票大量增加時，商品數量並不會因此增加，也因此，當鈔票數量與商品數量不平衡後，要買同樣的商品你其實得花更多鈔票去取得。而最終，鈔票變的一文不值，商家不再接受鈔票，你得用其他的媒介（如貴金屬）去交換有限的商品。

學歷貶值也是建立在類似的概念上，職位的需求若不創造，學歷的增加只是提升「就業的進入門檻」罷了，原本高中畢業就能做的事情，因為滿街都是大學生，所以連服務生、泡沫紅茶的工讀小妹也都是大學畢業，社會沒有因為大學生的絕對數量增加而均富、反而變成人人都得多付出四年的教育成本才能得到「基本工作機會」，換言之，窮人只是因此受到更大的傷害。

這樣講或許略嫌偏頗，但我一直覺得所有試圖以人力攪亂經濟學市場機制的舉動，不管目的是為了保護弱勢或提升公平性，通常都只是短多長空，最終只會傷害原本想保護的那群人。讓所有人都變成大學生，增加了社會公平嗎？或許是，但從長遠的人民福祉來看，只是改變了門檻位置罷了。全面的公平是永不可能因此而被創造出來的。

自己的人生問題，總得靠自己來解決

學歷貶值這件事情在過去數年間開始發酵，並在這兩年開始變得越來越明顯。

很多大學生畢業後不敢離開校園，努力延畢、考研究所，他們覺得不管念個什麼碩士都好。若不念，就覺得自己還沒準備好；加上前幾年大環境確實不好，更多人想盡量留在校園中。他們的想法是：「多熬個兩年，等拿到碩士學位了，大環境或許已有好轉，這時再踏入職場可能會有個不錯的起薪。」

但回頭來看，採取這個策略的大多數人恐怕都會感到失望了。因為，多念個兩年，情況並未因此更好，新鮮人起薪不但沒有變好，反而每況愈下，缺乏差異化的狀況下，22K 變成大學生的魔咒。

也因此，很多人不滿，認為政府沒做事、企業主貪婪或是企業西進造成台灣空洞化之類的言論。我個人倒是覺得，抱怨這些事情未免太過唱高調，不是不該談論那些東西，只是這終究只是把問題外部化罷了，回到現實生活上，講這些東西依舊無法解決「現實」問題的。換言之，罵了半天，問題不會消失；自己的人生問題，終究還是得靠自己解決才行。

何況，市場趨勢是無力抗衡的。以產業遷移而言，這是我們這些小人物不可能改變的狀況，以製造業或是勞力密集的產業而言，只要一個地方工資過高了，遷廠搬移是個難以避免的結果，就算為了甚麼社會責任勉強營運下去，產品不賺錢時，最後免不了也是要關門大吉。趨勢改變了，商人為求生存自會有所對應，但學生或是年輕人也得順應改變才行。

第一個該順應改變的，就是要小心習慣領域造成的迷思，比方說「會迷信覺得讀了碩士是一種加分，讀得越高，就應該有越高的薪水」。另一個迷思「是打算把自己的人生完全寄託在被大公司收留，並且期望因此獲得平穩的人生」。

但我自己感受到的趨勢在於：接下來十年到十五年，除了一些特殊職位以外，能否賺錢跟學歷高低的正關連性會越來越低，甚至有時候，念了碩士反而將限制了自己的路。加上大公司也不可能像我們父母那一代，願意提供一個六十年穩定不變的職位。自己累積專家特質，趁早組成最小戰鬥單位，可能會比期待他人來的更為實際一些。

提早接受職場洗禮，從而看清未來的路

簡而言之，對年輕人來說，盡早進入職場，其實比待在學校更加有利。實際嘗試不同工作，對於找尋自己的熱情與天賦也會有所助益。躲在學校太久，除了可能浪費時間學了一些未必有幫助的東西外，更有可能把自己的職涯之路限制住了。

這怎麼說呢？

以我自己找人而言，一些初階的工作，看到對方學歷很高時，會想說「嗯，這人都念到快三十歲了，可能不會想接受這種助理工作吧？」或是「他是中文

系的碩士呢，要把他培養成專案經理，不是要他重頭學起嗎？可是另一個人選已經做過三年專案了，要的薪水接近，或許選他對彼此都容易些吧。」

這類事情我也不斷在周圍人身上看到。念到三十歲才出來工作，加上選讀科系又很冷門，專業領域僧多粥少，只好往其他領域發展，最後好不容易找到一個基層工作，卻又天天抱怨老闆欺負人。以我自己的觀點而言，抱怨社會有何用處？難道在你自己決定方向之前，完全沒有想過最後的結果嗎？

此外，很多人資主管不會告訴你，若就讀的不是台成清交、公立學校、國外知名學府或是相關領域的名校，那麼碩士學位對很多公司而言，已經跟大學畢業差不太遠了。

所以，如果你還在學校中，我會建議你：除非你很喜歡學術研究，或是你很清楚知道自己要鑽研什麼特殊學問，否則請盡量提早從大學畢業，然後找份工作專心的做個兩、三年，千萬別想著就一直躲在學校中。學校躲越久，在接下來的環境中，你的競爭力只會更弱。（除非你是一路都念極度知名的名校，那是例外……）

我並不是要宣揚讀書不好的概念，讀書是有其價值在。我只是覺得，你若真要念，那就是「自己得很想」鑽研某種學問，願意承受選擇變小的風險，堅持一路讀上去。但即便如此，你依舊要有心裡準備，一旦當你成為那個領域的專家時，你很可能一輩子只能待在那個領域了。再者，一些冷門的科系，如果你不能成為那領域最頂尖的學者時，你可能將根本找不到相關工作。

換句話說，讀書必須是你的興趣，你因為有興趣，因而願意犧牲自己的就業機會與生涯廣度，如果是這樣，那我不會阻止你。但若你讀書只是期待要為了幫未來的工作加分，那我會真心建議你先出來工作個一、兩年。不管做什麼都好，然後再根據自己的興趣與方向去讀書或進修。這時你會更加清楚社會脈動，加上擁有實務經驗後，念書也比較能帶給你新的啟發。盡量不要一畢業就急著去念碩士，因為你很可能完全搞錯了人生方向，等到最後發現社會遊戲規則不是父母講的「讀書就自動能賺大錢」時，你已經浪費了生命中最值錢的一段時間了。

此外，除非你是在特定幾個領域，如高科技研發、學術領域、公家單位、醫生、法律、工程設計、或部分還很保守行業等，若在一般中小企業、行政、甚至服務業，你會發現碩士畢業與學士畢業的薪水差異會越來越小。一些技術主導的領域（如設計、動畫、廣告、餐飲、服務），碩士甚至可能完全沒加分。

多方學習專業技能，與旁人拉出差異性

如果你還是高中生，我會還是鼓勵你念大學。雖然我覺得十年後有一技之長的人會很吃香，但畢竟你在三、四年後就要面對社會，到時候的風氣還是會把

大學當成一個基本門檻。但你最好要開始思考自己的人生到底要甚麼，並培養一個能拿出去的「特別技能」，不要認為大學還是甚麼由你玩四年，那完全會是浪費生命了，暑假也最好找一些你有興趣的公司，試著去做個短期的工讀。

我相信接下來的日子，專業能力或經歷會更重於學歷，因為當學歷大家都有而不稀奇時，你想要出奇制勝，那就得有些不同的東西，這東西不僅僅是證照，而是真正扎實的技術能力、經驗、眼界或是良好的工作態度。只是這些東西，很可惜的是，幾乎都不是學校所能給你的。所以你得花時間從學校以外（如工讀）的地方去試著培養。如果你能擁有這東西，那在接下來十到十五年間，你便極有很可能是無往不利的。

至於正在大學的讀者，我建議你要嘛就是好好念書，把自己的專業學通、學透徹。千萬不要明明是本科系的，畢業後卻甚麼都不懂，這只會害慘你自己的。如果學校實在讓你沒興趣，你也該試著學些畢業後對你有幫助的東西。我覺得最基本是要會 OFFICE，尤其是 EXCEL。如果你打算進入大公司，EXCEL 的熟練是很有幫助的，這在任何基礎職位上都會用到。你如果熟悉這工具，你會讓自己、讓你的老闆都輕鬆很多。我也建議你學習如何寫報告。無論你知道是一般行政人員、企劃、專案成員，你若知道如何寫一篇好的報告，你都更容易讓自己脫穎而出。若你能在學生時代，便將口語表達以及對大眾說話的能力培養起來，這對於你進入社會是很有幫助的！

拋開上一代的舊思維，選擇最適合自己的路

最後，針對年輕人我還要更進一步與大家分享一個觀念：「人多的地方不要去」。這不單單是指要不要唸大學，這在你日後的投資或職涯規劃上，也都是一體適用的觀念。

大家都說對的方向，總有一天它會變成過時的論點。當然，我講的狀況，

也可能最後因為一些因素並沒發生。所以你該要做的，是「永遠不要」去膜拜誰的論點，也不要速食地全盤接受別人的思維，而是要嘗試建立自己對於世界脈動的觀察，了解自己的需求，並思考如何交換與犧牲。千萬不要想盲目跟隨別人的腳步走。很多事情是有「時機」這個關鍵因素的，雖然隨著大多數人的腳步走最穩當，但實際上將註定會是「最辛苦」的一條路，因為當大家條件背景都類似時，你就容易混雜在大眾之中無法被辨識。這樣的你，就變的平庸了。

所以請好好用自己的眼睛來確認、用自己的邏輯思維去判斷，並在每次的選擇過程中，找出最適合自己的道路吧！

規劃策略❷

資訊也該做做聰明收納

在我們離開學校的頭幾年，可能剛好處在Lv1「普通人」以及Lv2「單功能」的等級階段。這時的我們既驚訝於社會與學校遊戲規則的差異，更發現我們再也不能被動地等著別人餵養我們知識與技能。

我們得從每日雜亂的訊息中辨識出有意義的資訊，有策略地學習並整理這些訊息。最終，還得把這些訊息轉換成知識，成為我們往更高等級所需的智慧；而能多快掌握這能力，就決定了你能多快進入下一個等級……

我曾被一個讀者問過一個很有意思的問題，是關於如何面對過量的資訊：

我現在二十三歲，去年畢業在一家手機公司做機構工程師，工作不是很忙所以有空在網上看很多文章，然後下班也有空看書看電影之類；我覺得從未有過一個時代能像現在這樣讓我們每天可以面對如此多的信息量，當然這之中的多數是意義不大的資訊或是虛假資訊。

因此就有一個問題：人的精力、記憶力和時間是有限的，面對如此多的信息量，要如何分別哪些是對自己有用的（或者是正確的），如何歸類這些資訊，如何記憶這些資訊？

目前的我們確實處在一個非常了不起的時代，只要你有意願，幾乎可以透過網路接觸到任何你想知道的事情。可是呢，如果你沒有一個「好的原則」，過量的資訊還真讓人焦慮，因為光是每天打開社交網站，朋友轉貼的各類文章、照片、新聞、資訊就已讀不完了，若還想把這些資訊完整地分析、理解、吸收，這可說是不可能的任務。

除了資訊過量外，這些訊息還常常是彼此衝突的，比方說剛看到有分析師說APPLE要出低價手機，過兩天又有另一個分析師出來說其實不可能。3C討論區有人才發文說Google的NEXUS4即將停產，但往下一看卻馬上發現又有幾篇文章說那根本是謠傳……你看，這時代光是要搞清楚什麼是有意義的訊息，恐怕就已是很辛苦的事情了。若是每天認真面對各種雜亂無章的訊息，並花時間判斷與理解，那每天時間肯定不夠用，更別說仰賴資訊來自我成長！

所以我們慣用的做法，是把每天接收到的資訊分成三大類：

1. Noise 雜訊。
2. Data 資料。
3. Method or Principle 方法與原則。

Noise雜訊：看過即忘，千萬別放心上

雜訊指的是所有在新聞、報紙、雜誌、朋友轉貼、討論區、留言板出現的資訊，也是百分之九十五以上的資訊。現在我把這些東西都當娛樂來看，不會太過認真（除非那議題真的對我很重要），也大多不當一回事，尤其是新聞內容。

目前是一個新聞極度娛樂化的時代，新聞的價值已經史無前例的低。我自己平時幾乎不看新聞了，最多是在餐館吃飯時店家開著電視，會順便聽聽看。不然也僅是搭捷運無聊時，才會翻翻手機裡的新聞網站。至於一般的論壇或BBS，通常也只在有需要找資料時才會去點閱。

所以，對於那些相互矛盾的資訊，我的態度是根本無須在意，不需要認真找出答案，因此也壓根不要去相信新聞的內容。反正那些事情，對我們的生活都未必有甚麼重大的影響。試想，某某公司發幾個月年終？佛跳牆裡頭該放魚翅

還是雞翅？誰要跟誰結婚？藝人去了哪裡？誰買的東西有瑕疵？政治人物是否有婚外情？這些其實跟你我的生活真的沒什麼關聯，幹嘛要把時間浪費在這類議題上？對這些事情認真？既然新聞都走向娛樂化了，那何不就把它們當成娛樂節目來看，看完笑一笑，快快忘了吧！

Data資料：分類存放，培養資訊收納能力

Data指的是我們會接觸到的數據或文字類資料，如玉山有多高？長城有多長？哪一省產煤？美國第八任總統是誰？馬關條約是因為什麼戰爭引起的？二代健保的扣繳原則等。這些資料量通常很多很大，你無法記憶，甚至很多時候也無法立刻採用，有時可能一輩子都不會需要，可是傷腦筋的事情常常是當你臨時需要時，卻沒辦法很快從記憶中找出來，所以我覺得面對這類Data，重要的是秉持以下三種態度：

1. 資料價值的判斷能力。
2. 日後需要時的搜尋能力。
3. 從複雜資料中判斷趨勢的能力。

所謂判斷趨勢的能力，指的是在一堆複雜的資料中看出個頭緒來，比方說一份財報、人口普查資料、污染數據、電腦程式碼、或是專案的進度，你能從中辨識方向。可是這跟資料本身無關，跟你自己對此資料判讀所需要的背景知識有關。所以與其花時間背資料，不如把時間花在學習知識、累積自己的經驗，以及把相關能力轉換成直覺的練習。

另一個很重要也該培養的能力，是在收到一堆Data後，有辦法知道還缺什麼東西。比方說別人給你幾個公司的財務數字，你一下看不出趨勢、看不出問題在哪，但你知道還該收集那些資料，或該換哪個角度分析。換言之，你該具備分析的能力，而不只是背誦或是死記資料。這在職場面對複雜問題時，可是很重要的。

至於背誦與記憶這些資料，我覺得五年或十年前都還很重要，可是在搜尋引擎已經很強大的今天，大部分這類 Data 都有辦法透過電腦輔助來幫你解決。公開資料最簡單，只要透過 Google，在需要的時候幾乎都有辦法搜尋出來。若是機密資料的話，則是需要仰賴平時有系統且持續的整理。設計一個能讓你容易搜尋資料與文件的個人「文管系統」，一旦有需要這些資料時，你能快速搜尋出來，如此就能對工作有所助益。

換言之，我們每個人都該培養散亂資訊的整理術。一旦學好，對於日後你各領域的增長都有顯著的效應，沒人能懂所有事情，但我們知道怎麼快速蒐集，也知道怎麼把平常那些暫時用不到的資訊整理起來，等哪天有需要時，就可以快速找出來派上用場。

綜觀全局靠智慧，記憶力派不上用場

所以在這時代顯得越發重要的事情，就是不要花時間記憶這些基本資料，但要能簡單的存放起來，且日後能透過簡單的規則找到。

我自己無論在看書也好、看到別人提供的信息也好，尤其看一些社會趨勢的變遷，都刻意不花時間去做無謂的記憶，反而優先去試圖理解，更試圖要從別人的脈絡中做更進一步的思考。

比方說，

「思考這件事情發生的原因？」

「思考這件事情發生後所將帶來的影響？」

「做些假設，例如若這件事情並未發生，那後勢又將會產生何種變化？」

「如果事前發生了什麼，那這件事情是否可能根本就不會發生？」

「如果你是當事人，你會在事前如何思考，並在過程中採取什麼策略？」

你要把自己拉高到一個超然的領域，以此去假設、思考、培養自己對全局的掌握，而不要只著眼於事件本身。

雖然我覺得這應該是國中教育就該培養的能力，但顯然國中重視的還是背誦能力。可是我總是覺得，理解與思索 What-if 其實才更有價值，畢竟馬關條約之類的數據資料隨便 Google 就能找到，但探索各種可能性以及分析來龍去脈的思維，才能真正培養我們的高度與眼界！

這也帶到下一個議題，也就是第三種訊息——Method or Principle（方法以及原則）。

Method 方法：掌握原則，萃取智慧的結晶

我覺得最值得花時間去理解的訊息，其實是別人「如何做某些事情」、「解決

某事情的原則」、「思維方法」、「價值觀」等內容，畢竟搜尋引擎以及網路的興起後，純記憶力所產生的 Knowledge 已經不值錢了。能把資料活用的能力才值錢，能思考預估以及解決問題的 Wisdom（智慧）才值錢。所以在時間有限時，我們應該優先學習方法以及原則，因為這東西可以養成屬於你自己的世界觀。此外，我們也要培養自己的視野，讓自己在看到不同人的方法與原則時，找出一個最符合自己行事主軸的做法，或是從別人的方法與原則中找出優缺點，並且改為己用，這才會是讓自己提升 Wisdom（智慧）的關鍵。

此外，請記得 Wisdom（智慧）不等於 Data。Data 是沒有心的死知識，交給電腦來處理即可；但有價值的永遠是 Wisdom（智慧），也是短期電腦無法取代人腦之處，這是我覺得在這時代，年輕人最該培養並賴以生存的技能。

規劃策略❸

新人記得別瞎忙，先擺平這七件事就好

想要提升自己的職場知覺價值，並朝向工匠、總管或行腳商人的大師之路，從第一天上班起就要懂得掌握局勢，了解自己的處境。在你決定把自己埋進堆積如山的工作之前，請務必先做好以下這七件小事。

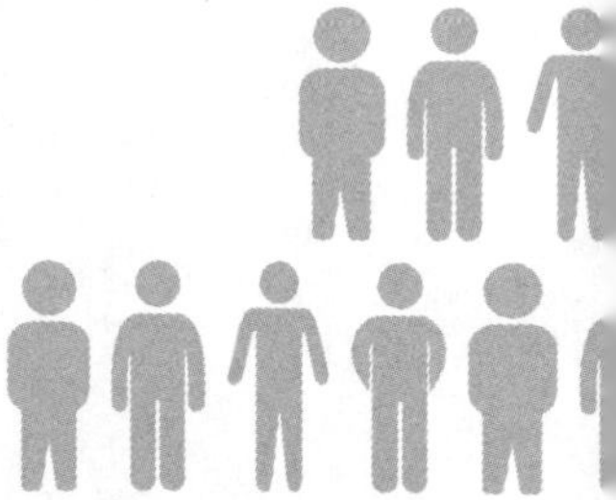

我超愛做「清單」的，我覺得自己根本是個「清單控」：光手機裡就有各種購物清單（Shopping List）、待辦事項（to-do List）、出國打包清單（Packing

List），而家裡大門上還貼著隨身物品查核單（Checklist）。在公司我也請助理為各種標準作業流程（SOP）製作清單，其他當然還有想買的書、想看的電影清單、寫作的題材清單等等，我想陌生人看了這些清單，大概也能對我的一生掌握個六七成吧！（我連最近要聯繫哪些朋友、遇到他們要聊什麼話題的清單都有）

今天來分來享的是一份珍藏已久的清單，存在電腦裡好一陣子最近才挖出來。這份清單是以前到新公司就任（On-board）時的自我提醒事項，通常在第一個星期派上用場：這是「就任新職第一週必做事項」清單。

多年來每次換工作時我都會進行調整，最終內容精簡為以下七項：

1. 選擇靠近走道的位置
2. 準備糖果餅乾
3. 默記同事名字與分機號碼

4. 默練接電話台詞
5. 主管引薦後，二次自我介紹
6. 六十秒共通點的聊天練習
7. 茶水間、吸菸區探勘

這當中有些你大概可以理解，有些可能莫名其妙，這就來為各位解釋一下。

1 選擇靠近走道的位置

如果公司已經幫你安排好座位，沒得選，那當然乖乖接受。但當遇到可以選擇的時候，我一定會選擇辦公室裡的交通樞紐，人來人往的地方，而且離老闆越近越好。我知道多數人的選擇和我正好相反，有參加過生活講座的讀友應該聽我講過這個理由。

心理學家發現，想要有效地影響他人有六個「心鎖」要開，其中之一便是「喜好原則」：人們願意與你合作說到底往往只是喜歡你這個人，而喜歡的條件之一就是「熟悉感」。當我成為辦公室的新人時，我會儘量讓更多人（尤其是老闆）感受我的存在，習慣我的出現，而且是以靜態的方式，不是高調地出鋒頭。至於一進公司，便選擇坐在隱密角落的人，其實大家也都心知肚明，你是想避開老闆或同事的眼光做自己的事情（就算你不是別人也會這麼想），老實說我會為你的未來感到憂心啊！

2 準備糖果、餅乾

這點大家應該不難猜，桌上常常放些零食和同事分享，可以建立輕鬆的交流環境，另外也可以建立「正向關聯」！什麼意思？吸收糖分會讓人愉悅且滿足，而你就在眼前，當然會有移情效用囉！這就是為什麼情侶一定要在餐廳約會的原因，美食當前，心情也會愉悅起來。不過切記不要太做作，去大賣場搬大桶零食放在桌上，這是辦公室又不是中元普渡好嗎？陷阱太明顯是誘捕不到獵物的。要「不經意」地放些零食在桌上，看起來像是是你自己要吃的，但一個人又明顯吃不完的量即可。我有一個說辭是，我從小胃不太好，在醫生建議下養成少量多餐的習慣，所以常會肚子餓。（這也是事實啦！）

3 默記同事名字與分機號碼

溝通大師戴爾．卡內基說過，「名字」是最悅耳的聲音。你能越快記住同事的名字，而且用正確的發音稱呼他們，是你上班第一週能展現最好的尊重。分機也要記起來，因為新人常有機會留在位子上（老鳥都去開會或洽公），若電話來了被你接到（這部分請千萬不要閃躲），並且順暢地轉給正確的人，這絕對是大大的加分！

4 默默練習接電話台詞

延續上一條，當接到電話後，新人總是慌慌張張。但其實你想想看，這搞不好是你進公司第一次對外（客戶、供應商、其他部門）的業務接觸，如果拿起電話後，能以老鳥一般的架勢從容回應，縱使只是代接那幾秒鐘，我敢說你的老闆同事聽到了，絕對會默默點頭：嗯，這小子／妹妹有大將之風！

5 主管引薦後，再次自我介紹

新上任主管總是會帶著新人「遊街示眾」。我不知道你感覺如何，但我總覺得這一輪見面給人壓力很大，對方通常也很拘謹，總希望這尷尬早點結束。所以，我通常會另擇適當時機，再親自過去同事的座位上自我介紹。第二次的見面因為只有兩個人，氣氛變得輕鬆許多，可以真正聊些東西，也可以加深彼此的印象。至於要怎麼聊，請參考下一則：六十秒共通點聊天練習。

6 六十秒共通點的聊天練習

這練習很重要，最好平常就要練了！在辦公室你不可能與同事大聊特聊，尤其當你還是新人的時候，所以必須要在很短的時間內，找出你與對方的共通點。好比念同間學校、都有兩個小孩、都住在板橋、都有養狗、剛好舌頭都可以碰到鼻尖……是不是真的「很巧」並不重要，重要的是一定要在對話中找到彼此共同點。好處一，前面提到的「喜好原則」的另一個基礎是「相似性」，人們對於相似的人會自然產生好感，所以我們要建立雙方的共通點。好處二，幫助你自己記憶。第一個星期要認識的人很多，難免會搞混，你可以靠共同點正確地辨識出那個人，看到對方心中就可以想起：啊，這位就是也住景美的李處長，那位就是有養貓的Jenny。

7 探勘茶水間、吸菸區

辦公室裡都會有所謂的「次領域」，當中多半有些非正式的情報交換（上班族應該知道我的意思……）。這些地方有一定的敏感性，不建議新人直接碰觸，除非你能拿捏得很好。我自己到了新的環境，會稍稍觀察一下這些地方（例如去倒杯水、經過樓梯間、上洗手間），順便看看有哪些人在裡面，但絕不主動加入攀談。為什麼要這麼做呢？當然是職場政治！如果你一上任，便發現有同事對你特別熱情，而這人又常常在這些次領域與他人竊竊私語，一看到你過來就噤聲，這樣的同事就要留意了。順便說說我對職場政治的態度，有人就有政治，職場本身就是個政治舞台，既然投入職場卻想要規避政治是不切實際的，不如仔細地學習掌握「局」。只不過對新人來說，還沒足夠的時間累積情報，這時一定要小心不要輕易被捲入任何圈圈當中。

規劃策略④

我是菜鳥，但我想學做管理，可以嗎？

不論你的特質是偏向工匠、總管還是行腳商人，在邁向職場自由之路的過程中，培養人、事、物的整合能力都非常關鍵，這也正是「管理」這門學問的內涵。職場贏家總是在成為管理者之前就預做準備，而非當上了管理者之後才急忙惡補。

曾經接獲一位朋友的來信，信中問到：「我是一個今年剛畢業的社會新鮮人，

看了JB兩位大大的部落格，對管理產生濃厚的興趣，我希望將來也可以擔任類似專案經理或產品經理的角色。但我和幾位長輩聊過之後，大家都建議我還是要從技術面做起（就是當工程師）慢慢累積實力之後，才能爬到主管的位階。請問他們的建議是對的嗎？我已經知道我的興趣是管理，卻還要從沒興趣的工程師做起，實在有點彆扭，希望你能幫我解惑。」

其實過去也有不少聽眾來信問過類似的問題，但我始終覺得這個問題無法輕易用 YES or NO 一語道盡，因此也就一直沒回覆。有天下午賦閒在家，玩了一下塵封已久的 CoD（Call of Duty，Xbox 電玩），當我在同一個特殊任務第六次被敵人擊斃的那一刻，腦袋突然靈光乍現，我發現可以用遊戲來把我心中的想法講清楚。而以下內容就是我的回覆。

觀念一：管理與技術是兩種不一樣的技能

電玩有非常多種形式！一般男生最愛玩的有兩個大宗，一個是FPS（第一人稱射擊），知名的大作有像是CoD、Battlefield、CS，顧名思義，玩家操控的是一個單兵，而遊戲的畫面就模擬真人的視野，必須左閃右躲並且神準地把敵人殲滅。另一個也很受歡迎的類別是RTS（即時戰略遊戲），像是Warcraft、C&C、AoE都屬於這一類，玩家基本上是扮演指揮官的角色，遊戲的畫面是一張鳥瞰地圖，上面有各式部隊、資源、和建築供玩家指揮調度。

這兩種遊戲都有納入電競比賽，而且都有一些神人級的高手。但對於我們業餘玩家來說，我們都知道這兩類遊戲可說是完全不同，不但遊戲規則不同，需要的技巧也不同。你可以試試看連上巴哈姆特或是PTT的電玩版PO一篇「想成為RTS高手得從FPS開始練起」或者「連FPS都玩不好的人是無法進入RTS的領域」，我很好奇會有多少網友對你火力全開，瘋狂掃射。

第一人稱射擊FPS就好比技術職，而即時戰略遊戲RTS就類似管理職。優秀的工程師能寫出最精簡的程式碼，設計出又輕又強的機構，但並不代表他能有效管理一整個團隊，當然也未必能有效領導一個專案甚至一間公司。管理的問題通常沒有標準答案，正確的決策無法從技術手冊、專業期刊或教科書裡找到，所需要的是對人性的了解、流程的思考以及對市場的判斷，這些東西是需要時間和計畫性的累積。如果你想從事管理的工作，現在就該多接觸相關的知識，把自己當成主管，思考看看怎麼做最好。每天只面對程式碼、電路圖的工作，是不會自動提升管理能力的！

觀念二：不管哪一行，思考越多，格局越大

玩第一人稱射擊（FPS）遊戲的高手除了移動和射擊的能力很強外，也有掌握全局的能力，知道如何配合隊友跑位，並且預測敵軍的動向。而即時戰略（RTS）

遊戲的高手對每個軍種的特長，武器的強弱、射程也必須充分了解，才不會讓辛苦建立的大軍白白送死。真實的職場比遊戲更為複雜，領域的分野不是兩片不同的遊戲光碟這麼簡單，管理職與技術職中間是存在模糊地帶的。一位優秀的軟體主管或許不是超強程式設計師出身，但他能掌握技術的門檻，團隊的能力、以及關鍵的工作流程。通常了解這些細節的人多半有工程師背景，這就是為什麼長輩會建議你從工程師做起的原因。但我也得說，我遇過一些人當了二十多年的工程師卻始終跳脫不開技術細節，所以我的結論是，「有沒有心」還是自我成長的關鍵。

照信中看來你是理工背景，第一個工作擔任工程師的機會比較大。如果你真心想從事管理工作，就要提醒自己多注意技術以外的細節。例如，別人只需把技術問題處理好就能下班，但你可能還會進一步思考成本的問題；技術人員往往把寫文件或回報進度當成無奈的瑣事，但你則會進一步把這些事情當成與他人溝通的必要工作，並且認真做好！

即時解決問題，適時創造價值

說到這邊，我倒是有個建議，如果你膽子夠大，其實可以考慮第一份工作就找管理職！當然以一個社會新鮮人來說，不太可能有人請你直接當主管帶團隊（真要找也不是沒有），但你可以考慮擔任主管的助理或是幕僚，直接學習溝通技巧、學習流程設計、學習專案規劃、學習閱讀報表，總之先從一個比較高的視角來看看職場究竟是怎麼一回事，同時也徹底了解自己想從事管理的決心是否堅強！沒人規定當主管一定要從工程師做起，也沒人規定做過管理職後不能再回去當工程師，我本身就是個例子。

我退伍後第一份工作就是當專案經理，也身兼總經理的特助，從中我確實學到很多，後來我又去別的公司擔任工程師，一、兩年後又跳回管理職，並不是說你也要學我跳來跳去，我想分享的是，職場沒有一定的公式，重要的是你搞清楚自己想要的是甚麼，然後不斷學習與充實自己，逐步把自己的格局拉高。最終，企業都得喜歡能創造價值、解決問題的人，有管理視野的工程師還是有技術知識的管理者，在未來都會非常吃香！

最後，無論是技術職還是管理職，最重要的還是找到有興趣、有熱忱的工作，不管是 FPS 還是 RTS，請記住，玩得開心最重要，成就感滿足了，路才走得遠！

規劃策略 5

職場自由之道：第一天就做好離職準備

在職場奮鬥的過程中，難免會遇到去留的兩難：既想轉換跑道，卻又害怕期望變失望。事實上，抱持一顆「隨時可以離開」的心態，不但能幫助你釐清自己的目標，也可使得我們的職場之路更為寬廣、自由！

之前為了宣傳我們的上一本書《沒了名片，你還剩下什麼》，我們陸續參加了許多的宣傳活動，廣播節目就有好幾場。在訪談過程中我們發現，好幾位電

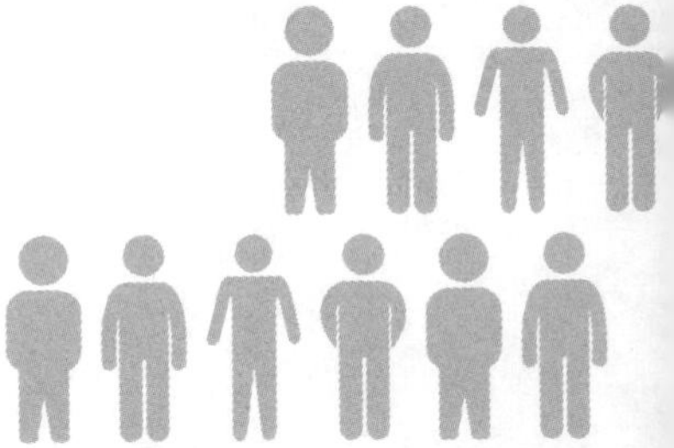

台主持人都不約而同地對書中的這句話特別有感：職場和情場是很相似的，當你過度迷戀對方，依賴對方的時候，通常也是對方開始厭倦，想甩開你的時候。

我自認是個職場上十分理性，但在情場卻又過度感性的人，所以這句話可是完全來自我的切身經驗！有次一位朋友告訴我他想離職，原因是欠缺成長機會。但讓他猶豫不決的是，公司與主管都對他很好，同事也相處融洽，彼此像是一家人。有了這層的牽絆，離職這件事成了理性與感性的交戰，於是他問我是否遇過一樣的難題。

我說，這樣的心情可以理解，人原本就是情感動物嘛！而且我過去待過的每間公司和大家都處得不錯，從未有「閃之而後快」的情形。不過，從我第一份工作開始，我總是在進公司的第一天就做好了離職的心理準備！朋友瞪大了眼睛看著我，一副「你這個沒血沒淚的惡魔！」的表情。各位評評理，我這樣的心態真的很冷血嗎？好吧，也許。但這些年來的工作經驗告訴我，抱著「隨時準備離職的心情」去上班，說不定正是能在職場上快樂打滾的關鍵要素。

理由一：提醒自己的職涯目標

每份工作除了為你付帳單外，也該是個人專業之路的一個里程碑，只是這個里程碑倒不用公開給主管或同事知道，但即便如此，自己心裡卻必須非常清楚，這是你在這份工作中必須達到的階段性目標。以我自己為例，我在大學就讀的是土木工程系，我更在心中設想，自己的第一份工作目標是「了解工地現場運作」，後來也依據這個目標找到了適合的工作……一年之後，目標達成了，然而公司卻無法滿足我下一階段的目標，這時，我很清楚知道It's time to say goodbye！職場的去留應該以是否滿足自己的職涯目標為評判基準，若光為了薪資福利而留下來混日子，看似合理，其實很不划算，因為時間永遠是比金錢更加珍貴的資源！

理由二：強迫自己把握時間

當你心裡清楚，這份工作不會永遠做下去，而且要在一定時間內達到特定里程碑時，自然會減少上班滑手機或上臉書的時間，並且積極地把工作做好，就算有空檔，你也會主動拓展人脈，學習更多的技能。在老闆同事的眼中，他們不會知道這樣的你其實「已做好離職的心理準備」，他們反倒覺得你是個積極專業的人，這就是為什麼心理做好離職準備的人，反倒很少被公司請走。

理由三：容易做出理性判斷

不戀棧職位、不擔心去留的人，自然能夠以專業還有組織的最大利益做為事情判斷的準則。相反的，把保住個人職位當成主要決策依據，就很容易成為唯唯諾諾、立場搖擺的牆頭草。如果你的老闆是昏君，只喜歡聽好話，而你卻希望待在這家公司越久越好，這個理由便對你不適用。但是，若你的目標是在職場上持續進步，而非緊抓住特定公司不放，那麼拋開個人去留問題，將會讓你的判斷力更上一層樓。

理由四：維繫同事間的情誼

把每份工作都當做一次難得的相遇，你自然會很珍惜身旁同行的旅人。其實辦公室裡很多人與人之間的紛擾，都來自於對自己工作的不安全感，例如同事在會議中搶了你的功勞；老闆有問題不問你卻去問其他同事；老客戶竟然直接打電話給你帶的新人……如果太在意位子，這些小事都會讓人苦惱不已，甚至會對周圍的人興起敵意。如果能把自己視為職位的過客，瀟灑以對，說不定反倒會發現，搶功勞的同事正打算好好回報你；老闆只是體察你的辛勞所以不願打擾；而客戶找你的下屬正是肯定你帶人的能力。記得，只要放寬心情，地位往往會更穩固，同時也可贏得更多人的心。

理由五：保持自我的市場價值

無論再嚮往、再渴望的工作，一旦做久了總會遇上倦怠期，就像身旁的戀人一樣，不管當初是如何死纏爛打才追到手，在一起久了，也難免開始在對方面前挖鼻孔、刮腿毛，不顧形象。當然啦，如果彼此確保此生不渝，那坦誠相見也是一種幸福，只不過現在的企業卻難以給員工這樣長久的承諾。一位「就算明天失去工作也不擔心」的員工，平時就會留意自己在就業市場上的價值，也會時時追蹤產業趨勢，並與業界人脈保持聯繫，讓自己手上的好牌不止一張。這樣的心態是不是比「拚命找長期飯票，一旦找到就死抓不放」的人擁有更高的自由度呢？

理由六：降低政治鬥爭的傷害

我在美國工作的時候，我有兩位上司，都是很優秀又有主見的女強人，但要命的是，兩人卻互看不爽。女王間互鬥也就罷了，還常常把我也捲進戰局裡，硬是要我為兩人評理，說實話，有一陣子還真是讓我苦不堪言。直到有一天，我終於想通了，我做這份工作是為了完成我的階段性目標，達成之後隨時離開亦無妨。而既然「選對邊，往上爬」不是我來這兒的目的，那我自然不用擔心討好誰的問題。想通之後，不管兩位女王怎麼吵，我都能冷靜地提出持平的專業意見，正所謂無欲則剛，我誰都不偏袒，有時還各打兩大板。沒想到這樣的態度反倒贏得她們的尊重，兩人竟然同時舉薦我晉升主管，達成少有的共識，這樣的結果讓許多老美同事跌破眼鏡，還開玩笑說我是不是學過中國風水，殊不知，我只是在上班的第一天，便做好離職準備罷了。

以上六點並非鼓勵大家吃碗內、看碗外，把換工作當成常態。主要目的是希望大家擺脫「依賴公司照顧」的心態。有時候實在不是公司不照顧你，而是市場競爭太激烈，公司都未必顧得了自己呀！其實個人與公司，原本就該是對等的合作關係，而不是「我最好的都給你了，你可要對人家負責唷」的小媳婦心態。我們願意和公司走在一起，不該是因為沒有選擇，而是在有眾多選擇的狀況下，出於自由意志所做的決定，這樣彼此的關係才能長久。你看偶像劇中往往安排帥氣、多金的男主角被美女圍繞，但他就偏偏選擇了平凡到不行的女主角，因為唯有如此，我們才會相信那是「真愛」，不是嗎？

所以囉，面對每份工作，一定要展現出「不要迷戀哥，哥隨時會走！」的氣魄，要不就是「不要迷戀姐，姐只是路過！」的瀟灑，這樣公司反倒會覺得，妳／你還真是個迷死人不償命的小東西！

規劃策略⑥

「鬼洗」牛仔褲 vs. 鬼～洗牛仔褲

所謂的「感知力」，就是精準判斷他人的需求、困擾與喜好的能力，無論你的職能偏向「工匠」、「總管」還是「行腳商人」，在未來的職場上，能夠精確掌握市場需求，將是平凡與卓越之間的一道分水嶺！

PTT 的笑話版流傳過一則很 KUSO 的新聞：

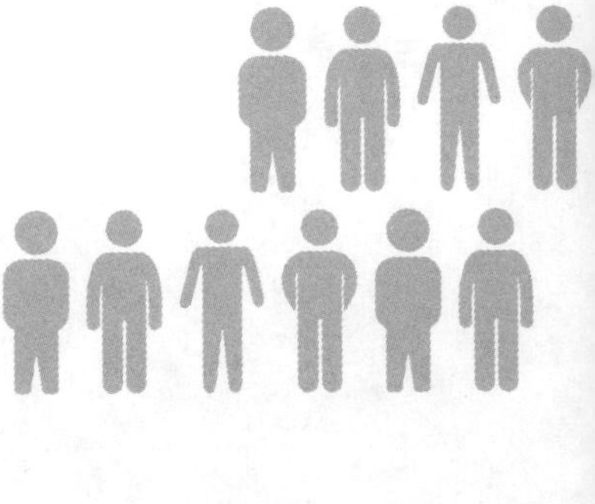

有位手繪家叫阿聖，在台東夜市賣彩繪扇子，並可依照顧客要求畫畫。有個客人問他會不會畫「鬼洗牛仔褲」的圖案，但是因為阿聖平時對潮流並不熟悉，所以他並不知道所謂「鬼洗」其實是一家日本牛仔褲的系列產品，他們家的褲子除了粗獷的洗紋之外，最有代表性的就是那顆日本鬼頭，有興趣的話上網搜尋就會看到照片。

後來，這位客人口頭描述了他想要的東西，還強調要大大寫上「鬼洗」的商標文字後便先行離開了。阿聖因為似懂非懂，只能硬著頭皮畫了他自己認知的「鬼洗牛仔褲」的圖案。二十分鐘後，客人回來拿扇子，看了一眼後露出哭笑不得的表情說：「你們臺東人還真幽默！」轉身就走了。原來阿聖畫了一隻鬼坐在小板凳上辛苦地「搓洗牛仔褲」！除了出現了充滿臺灣味的木桶和洗衣板，鬼背後還有一隻卡哇伊的「地藏王菩薩」在那裡「監工」，旁邊甚至還大大地寫著「鬼洗牛仔褲」（想來這隻鬼還真辛酸哪……）

由於這件事情實在太要寶了，那把扇子的照片馬上傳遍網路，後來還上了電視新聞，阿聖也頓時成了網路紅人，不但成立了「鬼～洗牛仔褲」粉絲頁，他的「鬼洗」圖案也被印製成 T-Shirt 在網路上熱賣，而且還跟 iPhone 一樣有黑白兩種版本！

這原本是個烏龍的事件，卻陰錯陽差地變成了美麗的句點！首先，那位買扇子的客人能夠把錯誤當成幽默來欣賞，仍願意付錢買下扇子。另一方面，賣的人也很認真地完成了一幅有梗的作品，縱使方向完全錯誤。但話說回來，這筆生意畢竟只是一把扇子，沒什麼大不了。不過要是在工作場合中出現這種「鬼～洗牛仔褲」的烏龍，客戶或主管可就未必有這樣的幽默與雅量了。做出來的成品不對，就無法結案，接下來肯定有人要倒霉啦！

了解對方的需求，職場上的大挑戰

上過班的人都知道，職場上最難的通常不是技術問題，而是搞懂客戶（老闆）到底要什麼。每個人都有自己的習慣領域與溝通模式，要搞懂對方要什麼，並沒有想像中簡單！國畫大師張大千的畫工夠強了吧？但要是有小朋友請他畫一個「鋼彈」（日本機械人動畫），還真不知他會畫出什麼東西來咧！（可能會畫出一顆鋼製的雞蛋……）

所以在職場上，不論我們未來的目標是晉升為工匠、總管或是行腳商人，在十一階段知覺價值中，「感知力」絕對是不可或缺的職能。所謂感知力，就是有能力了解他人的需求、疑慮和痛苦，並且精準地提供產品或服務，進而滿足對方的需求，在管理學中，我們稱作是「需求管理」。

讓我們重新回到案發現場，假如我們變身為台東夜市的阿聖，透過「需求管理」的技巧，我們該如何正確掌握客戶的需求，不至於鬧出這場烏龍呢？

掌握兩大招數，滿足對方需求

第一招，請客戶拿一條鬼洗牛仔褲來或至少給個圖案參考，通常樣品是最好的參考依據！面對想換髮型的客人，設計師會拿髮型書給他們參考，問哪種造型他們喜歡；室內設計師也會請客戶提供雜誌上的相片，幫助他們了解客戶偏好的風格。這些專業人員都知道，每個人的思維模式與審美觀都不同，光用口述絕對不準，因此，儘量用圖片、模型、影像這類媒介來溝通才能做到準確，總之，越是具體，將越容易釐清對方需求！

第二招，請客人留在現場監督，一邊畫一邊修正。許多軟體開發專案就是以類似的方式進行，開發者不會一次把軟體寫完才交給客戶，而是分成數個階段，每次有些小成果出來便與客戶開會，確認這真是客戶想要的，才進行下一個階段。持續主動地與客戶交換意見，其實是培養「感知力」最好的方法。一開始雙方難免有歧見，但只要持續接觸、磨合，除了能加速掌握客戶需求外，對於提升自我的感知能力也是絕佳的訓練。

當我們遇上心儀的對象，我們會不厭其煩地噓寒問暖，閒話家常，試著了解對方喜歡吃什麼，想要去哪裡玩，平常有什麼興趣。同樣的，一位達人等級的「工匠」不僅是技術強，對於客戶喜歡什麼產品，期待什麼樣的功能，通常也能瞭然於胸。而達人等級的「總管」，對於精準掌握團隊中每個人的心聲，大家的士氣，以及個人的思考模式與工作習慣等，已是基本功之一了。至於達人級的「行腳商人」，則是擅於把客戶當成情人來對待，除了具備敏銳的觀察力，更懂得推出最適合的商品來打動對方。

總之，每個「最小戰鬥單位」中，至少需要一位具備高感知能力的成員，這樣一來，不論是與大型組織合作或是獨自經營，才能精準掌握市場的需求，提供價值並獲得收益。培養高感知力沒有捷徑，就是勤勞地與你的對象溝通，耐心地分析對方的想法，用心地思考對方的問題，並試圖解決，這也正是下個章節我們要討論的主題！

規劃策略 7

你具備「預言問題＋解套」的能力嗎？

當主管或客戶因為不聽從我們的建議而掉入問題當中時，你的心態是什麼？是在一旁幸災樂禍？還是挽起衣袖下場解圍？這個舉動不僅決定了你的格局，也將定義了你在他人眼中的價值。

總之，每當遭逢問題時，誰對誰錯不重要，解決問題才是王道！

好友在一間美國知名網路公司當主管，夫妻倆在郊區有間大房子和兩位可愛的孩子。我認識不少在美國發展的台灣人即使擁有名校學歷，英文和專業能力也不差，但卻未必有他這樣好的發展。因為彼此都是擔任主管的台灣人，每次聊天總離不開管理話題，好比怎麼帶領那些難搞的老外團隊，怎麼跟美國主管要資源等。

有次見面他跟我分享一件公司裡發生的事情，讓我直到今天都受益匪淺。他的公司有個非常重要的專案，要在既有的網站加入一個重大功能，而且必須趕在緊迫的期限內完成，為此整個開發部門都忙得焦頭爛額，更麻煩的是，大家對於這個新功能所採取的技術作法，出現兩派的分歧，我們先簡稱為A方案與B方案。朋友對技術涉獵頗深，他清楚了解A方案才是首選，執行上比較耗時，但運作比較穩定，日後調整的彈性也高。不過朋友的上司卻擔心趕不上交期，而選擇容易快速完成的B方案。雙方爭論了一段時間，我朋友最終還是無奈地屈服，於是主管支持的B方案出線。

隨著上線的日子越來越近，果然不出我朋友所料，B方案對於一些功能要求無法滿足，專案做到一半就陷入泥淖，天窗已經開了大半！正當這位主管萬念俱灰，準備向 CEO 負荊請罪時，我朋友走進了主管辦公室建議，何不重新採用A方案呢？主管當然覺得不可能，因為這時候距離期限沒剩幾天，若一開始就用A方案還有機會，但已經到了這個節骨眼，怎麼可能來得及呢？朋友卻很篤定地說，只要你幫我們把其他外務排除，讓我們專心在這件事上，我們一定來得及！

原來，當初苦諫主管不成，我朋友早就料到會有這樣的結果。一般人當意見不被主管採納時，多半只會不以為然，心想：哼！你這豬頭不聽我的意見，到時候就不要叫我擦屁股！但朋友的應對方式卻讓我印象深刻，當他的意見被否決後，他找了團隊裡幾個自願者，利用下班時間，在用B方案開發網站的同時，順手採用A方案多開發了部分功能。因為網站的規格和資料只有一套，看似重復了工作，但其實只需要比原本多百分之二十～百分之三十的時間。既然現在B方案行不通，只要把當初A方案的版本拿出來，再加點工，專案還是可以順利達陣了！

朋友輕描淡寫地告訴我，專案總算驚險達標，大家都鬆了口氣！但我幾乎可以想像那個畫面，當他拿出已經做好的A方案時，他主管搞不好立刻落下感動的淚水！想想像朋友這樣的人，在公司怎麼可能不紅？怎麼可能不升官加薪呢？

最迫切需要被解決的問題，才是重點

我們部落格的網友都是專業的知識工作者，幾乎每天都會被要求提供「意見」。我們的意見，有時老闆會聽，有時則不被採納！當意見被採納時，我們覺得受到肯定，會願意努力工作來證明我們的建議是正確的！但如果意見不被採納呢？除了抱著「等著看好戲」的心態，我們還能做什麼？

還記得小時候，我弟弟調皮地拿著磁盤往空中拋接當飛盤玩，我年紀夠大知道那樣遲早闖禍，便試著制止他。弟弟不聽，果然沒拋個幾次，盤子失手摔到地上碎了一地。媽媽聽到聲音衝出來看，我就告狀說：「我一開始就知道會變成這樣，可是他就是不聽，果然闖禍了吧！」說到這兒先暫停一下，如果你是大人，看到這個場景第一件事會做什麼？稱讚我這個當哥哥的充滿「睿智」？把頑皮的弟弟打一頓？或者……先把地上的盤子碎片掃起來要緊？

我記得媽媽掃完碎片後跟我說，下次遇到弟弟調皮，先來跟媽媽講，或者拿另外一個不會碎的玩具給他。妙吧，我的「問題預知能力」竟然沒有被媽媽稱讚，至於弟弟，則是一臉不爽地看著我，對我事前的「預言」沒有絲毫佩服，也沒有因此更聽我的話，這是怎麼回事？很簡單，因為滿地的盤子碎片才是當下最迫切的問題！雖然我自認很有「遠見」，能夠預知問題的發生，但除了我自己之外沒人會在意，還不如幫忙掃地有建設性一點。

員工的天職，Share the Problems

當問題儼然成形，肇事者、預言者、放砲者，都遠遠不及解決問題者重要！

如果你的身分只是個外聘顧問或是協力廠商，面對客戶的偏差決策往往無權改變，頂多「盡到告知的義務」。但如果你面對的是自家老闆、主管、同事或下屬，他們即便做出了你並不認同的決策，而你除了盡到告知的義務外，更要心裡有數，隨時都要捲起袖子下場補救。問題確實不是你造成的，但身為團隊一員，大家都在一條船上，只能Share the Problems（共同承擔問題的後果）！

這很不公平嗎？我不認為，因為反之當公司賺錢時，就算不是你的功勞，也是有你的好處，不是嗎？員工，尤其是專業的工作者，跟「算命老師」很不一樣！此話怎講？我們付錢給算命老師，是期待他們幫我們「指出問題」並且「提供建議」，但公司雇用員工，除了我們找來「提供建議」外，更高的成份是「解決問題」，不論這問題是誰造成的，不管你有沒有事先預知，正所謂「管他黑貓白貓，能抓到老鼠的就是好貓！」而我那位朋友也印證了：「黑工、白工，能解決問題的就是好員工！」的鐵律。（黑工指的是老闆沒正式交代的事，而不是什麼違背法律道德的事情喔！）

我是個很依賴 GPS 導航器的路痴。尤其開車時，有台 GPS 甚至比認路的「副駕駛」還要好，因為有時坐在旁邊的人會發出一些帶有情緒性的警告，好比「哎呀！你走錯了啦！上一個交流道就要下去了。」或是「你看塞車了吧！叫你走省道你就是不聽！」畢竟開車轉錯彎時，駕駛只關心下個路口該怎麼轉回來，至於駕駛有多路癡，副駕駛有多聰明，根本不是當下該討論的問題。GPS 不會追究駕駛的錯誤（Problem），只盡責地提出方案（Solution）。至少在導航這件事情上，GPS比情緒起伏的人類好多了。我相信主管們在做決策的時候，跟我開車時的心情是一樣的：「誰對誰錯不重要，解決問題是王道」。在職場上無論是帶領團隊，或是與上司共事，能有效提出「解決方案」永遠是提升自我知覺價值最重要的手段，而我那位事業有成的朋友，顯然深諳箇中道理。

規劃策略 8

工程師，你真該來學學管理！

技術能力見長的「工匠」，或是以銷售能力卓越的「行腳商人」，若能多涉獵管理知識，添加一些「總管」特質，將在未來職場取得更高的知覺價值，也更容易組成一個堅實高效的「最小戰鬥單位」！

雖然多數讀友是透過管理文章認識我們，但我們其實是百分之百的工程背景出身。說來有點小慚愧，我學歷是土木工程結構材料組碩士，但我其實是到了

大四才稍稍開始對「工程學」到底在幹嘛摸上了點邊。在大四之前，系上的每門課對我來說，都像是加了不同調味料的「數學餐」：基礎力學就是邊畫向量箭頭邊算數學，土壤力學就是邊玩泥巴邊算數學，其他像是鋼筋混凝土、鋼結構就是邊查材料表格然後……你猜對了，還是算數學。相信很多工程科系的學生都知道我在說什麼，總之餐餐有數字，餐餐我都食不知味！

但我為何還繼續念工程的研究所呢？其實這跟我大四時遇到的一位老師有關，他是留德的莫詒隆博士，後來也是我碩士班的指導教授。大四時修了一門他的「結構動力學」，讓我第一次在數學的迷霧中搞清楚自己身在何方。想了解莫老師的教學風格？我說個例子給你聽聽：

莫教授是美國一間核電廠的顧問，有次廠裡的工程師拋給他一個棘手問題：某個區域的管線不停地振動，瘋狂程度簡直像哈林搖[1]，而且發出極大的噪音。工程師好幾次用螺栓與鐵架，像綁精神病患者一樣嘗試將這些失控管線束縛住，但治標不治本，管線安靜了幾天又像脫韁野馬，而且搖得更嗨，原本的螺栓很快也就崩掉了。工程師只好三天兩頭去人工固定，但最後終於實在受不了，只好找莫大師來幫忙。

莫老師翩翩來到了核電廠，四處勘察查一番，然後沉思了一會，接著不知從哪裡找到一支建築工人用的超大鐵錘。眾人只見他把鐵錘輕輕放在一台與管線連接的機器上面。當這些工程師都莫名其妙不知其所以的時候，這些瘋狂管線居然立刻安靜了下來，停止了振動，簡直比變魔術還神！

這是什麼把戲呢？莫老師這時就會開示啦！沒什麼，不過是簡單的共振原

1 由美國 DJ Baauer 創作，再由唱片公司於 2012 年時透過數位下載形式發行的歌曲，「哈林搖」的名稱即源自於紐約哈林區的一位居民發明的舞蹈哈林搖（英語：Harlem shake dance）。原創者 Baauer 還在歌曲裡加了許多獨特的聲音，如尖聲喊著「Con los terroristas!」（西班牙語指「與恐怖份子為伍！」）及獅子的吼叫聲等，讓整首歌曲變得更為獨特。

理：每個物體都有所謂的自然頻率（Natural Frequency），當兩個物體自然頻率相近的時候，其中一個振動就會帶動另一個跟著振，而且會越振越兇。他發現這些瘋狂管線是無辜的，它們也想穩穩地待著，可是隔壁那台機器很愛搖，而且雙方 Tone 調剛好很合（自然頻率接近），最後就變成瘋狂一起搖的局面。那為什麼放個大鐵鎚會有效？其實數學公式裡早就學過了，物體自然頻率的大小與「質量」有關，大鐵鎚改變了那台機器的質量，自然頻率也跟著改變，管線當然也就不跟著搖了！後來莫老師交代廠裡工程師，焊一塊鐵板在那台機器上取代大鐵鎚，這問題從此搞定！

在穩定與變動中求得平衡

當年我坐在台下聽完這故事，內心的悸動簡直就像那些振動管線一樣，澎湃難以自己學了三年多不知所云的工程學，這故事才將我帶回原始的初衷。是的，辛苦學習就是為了解決問題，但我們一頭鑽進了書本後，往往忘了抬頭看看大局，也忘了我們為何而學！

很多小孩都很愛問「為什麼」，但長大後太多的考試、太多的壓力讓我們識相地閉嘴。幸好遇到莫老師，讓我在大學接近尾聲時，又變回那個「為什麼小朋友」。每次學習一道新的知識，我會在心中問自己，這門學問為什麼會存在？它是想解決什麼問題？最後是如何解決的？我們現代人又為什麼需要知道這件事？這樣的探索對於升學／證照考試的幫助或許不大，說不定還會浪費很多時間。但如果你是個工程師，養成這樣的思考方式後你會欣然發現，管理學其實和工程學有許多共同點：它們都是探討「系統穩定」與「系統變動」的學問，只是工程學的系統組成是機械、材料、或程式碼這類無機物，而管理學探討的系統則以「人」為主，但思考的方向是一致的！

舉例來說，身為管理顧問，我的工作之一是協助客戶設計新的商業流程，乍聽之下這是純粹管理面的工作，但我卻從過往的工程經驗得到許多啟發。以帷幕牆系統的局部圖來說，它顯示每面牆是如何和樓板固定的。所謂帷幕牆就是辦公大樓的玻璃外牆，它的設計需要相當程度的專業，因為除了擋風、遮雨的基本功能外，工程師還得考慮地震來襲時晃動問題。我曾經參與過內湖一間企業總部大樓的興建專案，問了很多「為什麼」，比方說，為什麼螺孔要做成長條形的？而不是常見的圓孔呢！

理性與感性的交錯縱橫

如果你是工程師，或許你已經想到，對，長形螺孔的目的就是讓這個接頭成為「可以滑動，但只會朝單一方向動」的狀態。而且整棟建築中，有些長孔是東西走向，有些長孔是南北走向，所以不管地震從哪個方向來，整個帷幕牆可以在受控制的狀態下擺動，這樣才不會相互亂撞，造成嚴重的破壞。大樓外牆與內部結構之間的關係，就像是衣服與身體間的關係一樣：衣服如果穿太鬆會垮下來，但衣服要是太緊，身體一動又有扯裂的危險，工程師的智慧就在於如何為大樓設計一套合身耐穿的外衣！

這也就是為什麼，每次當我在設計管理流程時，我腦子裡想著的其實正是這張工程圖！因為我相信，一套好的管理制度也該像好的結構設計一樣，要允許滑動，但必須在控制下滑動。組織是由人構成的，太多繁文縟節就像衣服太擠、螺絲太緊，一方面難做事，另一方面遇到環境變化時缺乏彈性。但相對的，若是一切都放牛吃草，就像衣服太大，螺絲鬆動，又容易陷入混亂與失控。所以有上過我們流程管理課的學員都很清楚，設計流程的重點完全不是畫出漂亮的流程圖，而是不斷地假想「外力」（風險）可能從哪裡來？內部流程可能會如何「滑動」（偏離、出錯）？我該允許滑動到什麼程度？該朝哪個方向滑動？這些都是工程師原本習慣的思考方式，傳統工程師的思維訓練在商業管理的領域中是很吃得開的！

管理將是未來可預見的顯學

工程與管理領域以外的地方，這套思考方式是否也能行得通呢？來看個例子吧！我有一位律師朋友，是外商事務所的合夥人，有次我問他法律這門學問的核心精神是什麼？他的說法倒是非常有意思：

每次準備案子時，我腦海中會自動浮現出一個「圓」，當法官或對方律師提出一項質疑時，就彷彿一根筷子戳過來，如果我的論證有稜角、有缺陷，這筷子就會戳破了這個圓。所以我的工作就是在出庭前，儘量讓這個假想的圓完整平滑，確保面對各種攻擊都可以「自圓其說」。

你看看，這跟我用結構學來思考組織流程問題是不是很像呢？

如果你擔任工程師或任何與技術有關的工作，我想對你說句話：「從思維的優勢來看，你不去學習管理與商業的知識實在太可惜了，那本該是你擅長的！」至於還在讀工程科系的同學們，我也想給大家一點忠告：「你正在痛苦學習東西背後其實隱藏了非常珍貴的寶藏，只要你多投入一些，你終會獲得加倍的回報。那就是系統思考的能力！所以別混了，聽哥的話，看完這篇就去唸書吧！」

規劃策略 9

年輕行政主廚的四個成功祕訣

想在職場上獨立自主，樹立自我品牌，創業不是唯一的路；關鍵在於你有沒有計劃性地累積自我實力，逐步往你心中的專業之路邁進。

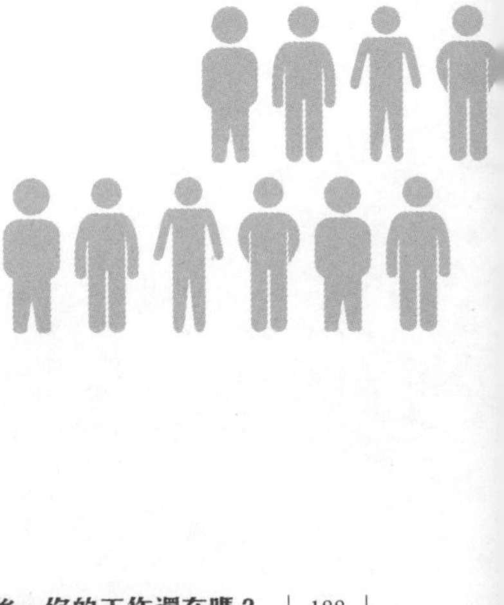

從學校畢業進入社會到退休，多數人會經歷四十年左右的職場生涯，但是現在的企業壽命卻越來越短，據說台灣中小企業平均存活不到十三年，而美國前五百大企業平均壽命也不過剛好四十年，也就是說，就算我們走運一畢業就進

入一家新公司，而這家新公司後來成為五百大，就在我們快要退休的時候，這家公司也差不多要倒了。

正因為人的壽命越來越長，企業的壽命越來越短，所以在前面章節中我們不斷強調，未來絕對不能有依賴大型組織到退休的想法，而該成為獨立自主的工匠、總管或行腳商人。然而，這代表我們一定得離開公司，自行創業嗎？其實不然，只要能夠建立自我品牌，培養獨當一面的能力，即使在公司上班，也能走出一條職場自由之道，我身邊就有這樣的例子。

為了取得第一手資料，我約了一位朋友吃飯順便進行「專訪」。他四十歲不到就被高薪聘請，成為國內最年輕的五星級飯店行政主廚，能力真的很強！以前見面很少聊工作上的事，這次我火力全開，追著他問了一堆問題，像是他是如何走上餐飲之路？過程中遇到那些阻礙？如何克服？有無獨門的成功祕技？還有給年輕朋友的建議等等，反正就是方念華的節目上會問的那些啦！我問題雖然很老梗，但他的回答卻讓我聽得津津有味，有些段落甚至感動莫名，點頭如搗蒜。以下便是將他的成功祕訣歸納成以下四點和大家分享。

祕訣一：與其怪師傅藏私，先問自己是否堪教？

我朋友（以下簡稱阿明）的正式學歷是喬治高職肄業，阿明媽不勉強他讀大學，只要求他好好學個一技之長。當時阿明的姐姐在粵菜館上班，就把他引薦去廚房當學徒，從此展開了他的餐飲之路。在這條路上他沒有任何家學淵源與背景，況且二十多年前台灣的粵菜圈子全是香港師傅主導，他們有獨樹一格的文化還有語言，才十五歲的小阿明每天都得面對文化衝擊，雞同鴨講的笑話更是沒少過。

例如有次香港師傅要他去拿「燒雞」，他就乖乖地把烤好的燒雞提過來。結果香港師傅就開罵了：「要你拿燒雞，你拿吊燒雞幹嘛？」原來香港師傅說的是「筲箕」，那是網籃一類的用具，至於能吃的烤雞他們稱作「吊燒雞」，這……這誰會知道啊！後來想起曾經和阿明去唱歌，發現他不但會唱廣東歌，還講得一口流利的廣東話，就是在那樣的環境下練就出來的。對他來說，溝通問題的解決之道很簡單，好好去學對方的語言就是了！

我問阿明，你師傅都是香港人，他們對台灣人多少會留一手吧？至少電視上都是這樣演的。結果令人意外的，阿明否認這個說法，他說他遇過的香港師傅都對他很好，幾乎都不藏私地傳授真功夫給他。

那為什麼我們會有「師傅留一手」的印象呢？阿明告訴我，其實多數師傅都希望學徒可以學得又多又快，唯有這樣才能減輕他們的負擔，這些香港師傅尤其如此。他們多半是隻身來台，本身沒有班底，要撐起整個廚房唯有靠新進的台灣學徒，人都不夠了還藏私豈不是累死自己。只不過，師傅們眼中關注的，是這位學徒「值不值得我教」！對於認真有心的小朋友，師傅是一定會用心培養的；至於那些純粹來打份工賺點薪水的人，反正教了當下也未必認真學，學了也未必認真苦練，花時間教他們還不如自己做比較快。所以想要讓師傅們傾囊相授，就要先證明自己「值得被栽培」。半夜一個人留在陰暗濕冷的廚房刷鍋垢，清晨第一個到廚房整理食材，對阿明來說都是證明自己的必經過程。至於那些凡事要求「公平民主」，不願意付出額外心力，卻要求高等薪資福利的年輕學徒，是很讓人傷腦筋的！

祕訣二：有計畫地轉職，累積完整資歷

不聊我還不知道，原來粵菜廚房有一套超嚴謹細膩的分工體系。每個崗位都有各自的角色和技能。像是負責殺魚剝蟹的「水台」、主管刀工的「砧板」、大家熟知的「燒臘」、管蒸鍋的「上什」（讀作雜）、負責料理的「炒鍋」、還有協助炒鍋的「打荷」等。而且大一點的餐廳，光是砧板就可細分為頭砧、二

砧、三砧、末砧（據說一路歷練就要三至五年）；燒臘也細分為「明檔」和「工場」，以上還不包括「麵點」，也就是港式點心，那又是另個獨立的部門。

面對繁重的廚房工作阿明也曾經懷疑過：難道賺錢一定得那麼辛苦嗎？於是他一度離開廚房跑去當銀行業務，試試看能不能賺到 Easy Money。但沒幾個月他還是回到了廚房，當年媽媽「要有一技之長」的叮嚀在這時發揮了作用，自此他再也沒有懷疑過其他選項，決定專注地把廚師的工作做好。他知道想要一路當上主廚，唯一的道路就是好好學習與歷練，把粵菜這個體系裡所有的工作都徹底掌握，這是比眼前的「薪水」更重要的事情。接下來的數十年，他開始了計劃性的學習與轉職過程。

其實他的策略並不複雜，基本上就是以學到特定技能或取得資歷做為每份工作的首要目標，至於薪資福利則是其次（用短期薪資來交換長期資歷）。例如他得知某間餐廳可以學到最紮實的砧板刀工，他就想辦法進去工作，不介意薪水，然後以最快的速度把技巧掌握住，學成下山後再往下一關邁進。這概念很多人都知道，但卻很少人能真正執行，因為多數人更在意短線的收入（已知的收益），而顧不得長線的發展（未知的機會）。當時和他同期入行的朋友都已經拿五、六萬月薪，但他為了執行自己的生涯計畫只拿個低薪，這需要有很強的決心才能堅持下去，況且下一份工作的薪資說不定還更低。

但以今天來看，他是發展最快最好的一位，甚至超越了他的師傅，當中「計劃性的轉職並累積實力」是他自認與別人唯一的不同。雖然前段職涯薪資起伏不定，他也只能鴨子划水默默耕耘，但自從升上「二鍋」後薪水和職位就一路攀升，再也沒有跌過了。這種「前段累積動能、後段蓄力爆發」的故事根本就是料理界的「龜兔賽跑」，我們在部落格裡不只提過一次這樣的策略，暢銷書「從A到A+」中也點名了這是眾多優秀公司的特質，只不過知易行難，真正要落實還是得靠強大的信念才有辦法！事實上，在升上「二鍋」前，阿明遭逢了職涯中最困難的一道關卡，耗了他好幾年的工夫。

祕訣三：面對瓶頸不怪別人，設法超越自己

廚房像是戰場，阿明師固然很努力，但還是在「二鍋」，這個通向主廚的關鍵位子前卡關了。

我好奇問了他，是誰可以決定你的晉升。他告訴我是「頭鍋」也就是主廚來決定。那麼我又問，你怎麼知道這個主廚沒有故意整你？有趣的是，他還真的從沒這樣想過，理由是料理涉及的技巧實在太多了，光是學就已經學不完了，哪還有工夫去在意那些事情。他舉「炒飯」為例（電影中常用炒飯來當測驗似乎有其根據），飯要炒得好，做到所謂的「鑊氣十足」，牽涉到許多變數：好比鍋的溫度、火力的變化、下料的順序、翻炒的動作，還有很多難以用言語講清楚的眉角。但資深主廚炒出來的東西就是不一樣，這是毋庸質疑的，雖然卡

關了，但此時他能做的，就是不斷地練習，不斷地思考，來等待「爐火純青」那一刻的到來。那天吃飯時他無法用具體的言語告訴我他最終是如何過關的，只說有天他終於「抓到了！」。我猜想那是類似巫師甘道夫從「灰袍」轉變成「白袍」的經歷，是與廚房「炎魔」的對決中脫胎換骨得來的。

那麼當年的主廚到底有沒有故意為難他呢？這在阿明的邏輯中根本不是關鍵，因為在任何領域要提升自己的境界和層次，原本就是要衝破舊的自己。我很欣賞他這種態度，或許職場政治確實存在，外在環境很差也是事實，但真正的高手心中永遠只有一件事，我有沒有突破自己！

祕訣四：「講道理」是管理者最關鍵的工作

十五歲入行，累積完整料理資歷的阿明師，在三十八歲那年獲得臺北一間國際五星飯店的邀請，擔任行政主廚一職。現在除了他拿手的粵菜之外，還同時掌管了上海菜、北京菜、甚至日本料理的廚房業務。從第一線的廚師轉變為管理職位，他面對的再也不僅是廚房的食材而已，而是要與幾位資深的主廚協同合作，提升飯店整體的餐飲水準。他也跟我分享了一些管理經驗，雖然他沒讀過什麼管理書，不會繞什麼管理術語，但你可以聽聽看這些來自街頭的真正智慧。

面對各有專精而且資歷比他還深的主廚們，他知道自己不可能事事比人強，因此想要影響他們唯一的切入點便是「講道理」。阿明說以前當學徒的時候，就常常觀察老師傅如何教導其他學徒，尤其當師傅在指正學徒錯誤時，他會在心裡先預演一遍：如果我是師傅，我會指正哪裡，又會如何指正。然後等師傅做完指導之後，他會比較師傅剛剛說的和自己心裡的預演有哪裡不同，作為日後參考。所以說，他其實從學徒開始就已經開始當主管的自我培訓了，很多人嘴上都知道要懂得用主管的角度來思考，但這位才國中畢業的廚師是我認識最身體力行的人。

一體兩面的主從關係，成就雙方就靠這一味

現在的他，一有空閑就常常思考「如何有效表達才能影響他人」這件事。好比說，他會教導旗下的廚師如何控制「鹹度」，並不是鹽放得多就鹹，放得少就不鹹這麼單純。一道專業的料理所帶來的味覺應該是有層次的，客人第一時間接觸到的可能是香氣，入口後鹹味油然而生，隨即轉為甘甜作為尾韻。現在他的廚師都知道，當阿明說這道菜「鹹味太高」時，指的並不是鹽或醬油放太多的問題，而是味覺從頭鹹到底而欠缺層次，這時候要調整的不是鹽的份量而是要增加甜度。說到甜，他也曾經建議上海菜要降低甜度，一開始上海師傅不以為然，覺得你是粵菜出身又不懂上海菜，我這可是正宗的本幫上海味。但阿明就拿四川菜在台灣的發展講給他聽，原生的四川菜其實重鹹重油，後來也是

經過改良才能在台灣風行起來。我知道你的上海菜道地，但為了滿足大多數台灣客戶的口味，建議你還是稍作調整，這樣一說上海師傅也接受了。他也用同樣說理的方式，說服了來台灣十多年的日本籍主廚調整生冷與熱食的配置，讓客戶用完高級定食之後，能帶著暖暖的胃滿足地離開。

他這段分享讓我感觸很深，確實，領導與被領導原本就是一體兩面，一位優秀的主管在還是基層員工時就已經開始練習了。而真正當上主管之後，有效的說服與溝通，將成為專業知識以外最重要的關鍵能力！

以上就是五星級行政主廚分享的成功訣竅，你覺得如何呢？

規劃策略⑩

直達車vs.區間車，哪個比較適合我？

工業革命時代，為了方便篩選專才，我們把個人以學歷、證照、資格這些標籤來劃分。就像便利商店的集點活動一樣，我們習慣性地以為，想要達成夢想，就得先獲得這些標籤才行，殊不知，這其實這是大錯特錯的觀念。試想：進電梯後若想直接上十樓，你又何必每個樓層的按鈕都按呢？

有次和朋友吃飯，聽到了一則與追求理想有關的真人真事，其中的策略挺值

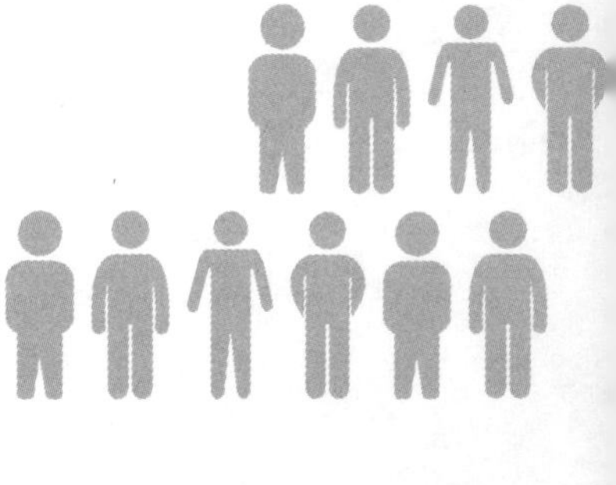

得我們深思！

故事主人翁是朋友的朋友，大學念的是一個相對冷門的科系。這個科系的畢業生出路很窄，一般只在公家機關才有學以致用的機會，否則就只能轉行到別的領域去發展。因此，每次同學會大家一聊到工作，情況總是很熱絡且話題性十足，因為每個人都有著非常不一樣的出路……至於我們要談的這位老兄，據說在大學時期有項獨門絕技，就是不讀書、不上課，但卻也不會被當！攤開他的成績單，幾乎有將近一半的課目都是六十分低空飛過。畢業後，因為不知要做什麼，因此他就索性先去服兵役，直到某次大學同學會，大夥兒正好趕上他退伍回來參加，於是紛紛問起他退伍後的打算。

「我要去念台大電機研究所，然後進聯發科。」他當時很堅定地說道！

這個計畫一出口，雖不至於引發哄堂大笑，卻也足以讓全場的注意力全部轉到他身上。首先，電機與他所念的科系毫不相干，更別說他老兄在學校時的「成績」是大家有目共睹的！但也許是基於「鼓勵」或是「純粹想看好戲」的心態，大家決定跟他賭賭看：如果他明年順利考進台大電機所，班上同學就請他去君悅飯店大吃一頓。

直達車為何比較快？因為停的站次較少

讀到這裡你大概也猜到，一年後，這位「牛人」還真的擠進了台大電機所碩士班（不然故事就不值得提了），因此現在，就讓我們把現場移到君悅大飯店，全班依約替他慶祝的場景吧……

「算你厲害，我們請客，但你也說說這一年是怎麼準備考試的？」所有同學洗耳恭聽，大家心想必定是個寒窗苦讀的勵志故事！

「其實去年同學會跟你們打賭過後沒幾天，我就進了台大電機系了。」牛人回答。

「啥米？！」全班同學不可置信地看著他，都覺得他多半是在鬼扯。

「這一年來，我沒去補習班，也沒有像你們想像地懸樑刺股，我直接走進台大電機系，找一位老師幫忙，把我將來要念的那個領域的所有課程挑出來，一門一門去旁聽。整個學年除了考試不參加外，我從不缺席，後來好幾位教授都認識我了，對我印象也不錯，所以口試就輕鬆過關。至於筆試部分，教授出的題目多半都是上課內容，有上課有讀書就沒問題。總之，我就這樣順利進了台大電機所啦！」

聽到這邊，同學們對他這種「直搗黃龍」的氣魄與策略感到佩服不已。你猜他畢業之後進了哪間公司上班？沒錯，正是當紅的聯發科！

朋友後來講了一個我覺得很不錯的比喻：「為什麼自強號要比莒光號更快到

目的地？不只是因為自強號的車子比較好，更因為自強號是直達車，停的站少，自然比較快到達！」

順應體制按部就班，為目標？求安心？

在傳統的教育體制下，我們一個個被教育成按部就班、照規定行事的人，多數人的想法都是一條直線，極少人能像這位故事主角一樣跳躍式思考。多數人會覺得，沒學過電機卻想進台大電機所，那就該照規矩來：先找間補習班，擠在狹窄教室裡苦讀個一年，之後參加考試，期待隔年金榜題名，就像區間車一樣老老實實地每站都停。這樣的缺點還不在於浪費額外的時間與精力，更慘的是，要是好不容易達到目標，卻才發現「原來這不是我要的」，請問，那又該怎麼辦？

知名好萊塢影星威爾．史密斯有部電影叫做《當幸福來敲門》（Pursuit of

Happiness），片中他飾演一位窮困潦倒的推銷員，帶著兒子四處求援卻又頻頻碰壁，正當他萬念俱灰之際，看見有個衣著光鮮的傢伙，把名牌跑車停在路邊，他忍不住走過去問他：「請問你是做那行的？」那人回答：「我是證券交易員」。於是，他接下來直接跑去面試，並且拚命要向公司證明自己（而不是存錢去讀MBA），最終他也真的如願進了證券公司上班，順利擺脫貧窮。這是一個多麼直截了當，卻又多麼不容易的歷程。

我相信計畫的重要性，但我有時也會捫心自問，我的計畫確實依循著最短路徑走嗎？日前，有位還在讀書的網友來信求助，他說他很想進入專案管理的領域，擔任一名厲害的專案經理，並且參與偉大的專案。他想知道自己究竟該考哪個證照比較好？還有國外有哪些研究所是專攻專案管理的？而我的回答是，想參與偉大專案最好的辦法，就是去參與一個偉大的專案。但這樣的回答對一個年輕學生來說，可能太過「直接」了，所以，對方還是決定要去念個專案管理研究所比較「安心」。為了這樣的「安心」，是不是讓我們做了很多虛工，無謂地浪費了時間？

有個音樂系的高材生，從小在父母重金栽培下，接受完整的音樂教育，並且前往音樂之都維也納深造。到了當地，熱情的鄰居邀請他到家裡作客，主人隨性地拉起了小提琴助興，演奏的造詣卻讓這位主修小提琴的台灣人驚訝不已，連忙問對方是不是音樂家？在哪間音樂學院學習？對方聽完後哈哈大笑說：「我哪裡學過什麼音樂，不過是喜歡幫跳舞的人伴奏而已，這裡很多人都是這樣的。」這個例子也讓我想起那位想投入專案管理的小朋友，會不會在耗費了金錢，付出了青春，拿到學位證照後，發現同年齡的人早已當上專案經理並且累積了實務經驗，反觀自己，卻還得從零開始？

鎖定目標放膽去做，既定體制暫時拋卻

選定目標、築夢踏實是正確的！但並不代表一定要遵循既有的體制，取得證照、學歷，資格之後，才能開始動手進行。直接捲起袖子做你想做的事，在過程中若發現不足，再回過頭來學習補強也不遲。好比說，你若想當一名廚師，那麼接下來的第一件事，絕非報名料理學校，投考廚師證照，更不是申請法國藍帶學院，而是穿上圍裙，拿起鍋剷，今晚就踏進廚房做幾道菜。想當程式設計師？那你該先買本討論程式語言的書籍或上Codecademy（程式學習網站）試著寫一、兩個簡單小程式，確定這是你的興趣，再去應徵小型軟體公司，即使打雜也好，先確認這份工作確實如你所想像，這時再回頭接受正規教育也來得及，而且你會學得更踏實！

如果目的地清楚明確，那就該搭上直達車，專心一致地朝目標邁進，並且要求中途不停站。若目標是欣賞沿路風景，沒有明確目的地，那麼不妨考慮搭個

慢車，遇到有興趣的站時，我們還可以下站來瀏覽一番，這也是一番人生樂趣。

想搭上直達車還是慢車，完全取決於我們要什麼？而這正是職場上每個人都該問問自己的問題！

規劃策略⑪

夫將者，國之輔也

管理並不是高高在上的控制別人，而是一種服務，一種必須透過對於人性的理解，對需求的理解，並在各種限制下平衡決策，以求讓事情順利，排除運行障礙，解決人的問題，進而讓市場跟產品能連結在一起的工作。

所以，一個有心想踏上總管之路的朋友，請把這篇所將傳遞的概念當成一切管理知識，以及管理工作的起點……

孫子兵法開宗明義的第一段寫到：「兵者，國之大事也；死生之地，存亡之道，不可不察也。故經之以五，校之以計，以索其情。一曰道，二曰天，三曰地，四曰將，五曰法。道者：令民與上同意者也；故可與之死，可與之生，民弗詭也。天者：陰陽、寒暑，時制也。地者：高下、廣狹、遠近、險易、死生也。將者：智、信、仁、勇、嚴也。法者：曲制、官道、主用也。凡此五者，將莫不聞；知之者勝，不知者不勝。」

這段的大意是說：

決定戰爭勝負有五個要素，分別是「道」、「天」、「地」、「將」、「法」。

「道」指的是「上下同欲、君民一心」，方向集中才能同心協力。

「天」指的則是「佔有天時」。

「地」是「擁有地利」。

「將」是「領軍者有能」。

「法」則是「規章制度、組織編制、軍隊管理」。

兩軍交戰，能妥善擁有這五點者勝率較大；而不理解這五點者就難以制勝了，如果以今日的商業活動，或是專案來做類比的話，也有許多呼應之處。

「法」與「將」還是一樣的東西，也就是組織運行的規則、SOP或做事的方法，以及有充分知識及技能的各級人員。而「地」是擁有一個市場上好的定位，舉例來說，有個好構思、有優勢的技術力、有別人無法輕易模仿的模式或專利、有個可滿足特定市場的產品，這樣自己就可以佔據一個好位置，以逸待勞。

「天」是指「趨勢」，指的是我們所擁有的商品、技能或是服務剛好是目前流行、需求旺盛、政策做多或是趨勢向上的產業；市場自然形成、自然茁壯、而不需要勉力去開拓，可說是順風而行。而「道」則是組織全員擁有一個共通的目標與願景。換句話說，所有的開發、研發、產品或專案行動，都應該是為了支援某個長期的組織策略或是短期的營運目標。若大家的努力都是為了一個長期性「共同目的」的達成，這樣不管組織有多少人，力量才有辦法集中，真正做到結合眾人之力，達成共通終極的願景。

確定方向所在，結果事半功倍

在這麼多年的顧問工作中，我們常常在協助客戶提升組織的管理成熟度，這包含人員訓練，或是透過電腦資訊系統來提升資訊透明度。所謂提升透明度，指的是透過電腦資訊系統，讓專案團隊的各成員能把自己手上各片段的資訊放入其中。這些片段資訊，透過電腦有系統的收集下，就像拼圖一樣，讓管理團隊能慢慢看到案子的全貌，並且做出更高品質的決策。在資訊透明的情況下，What-if 分析開始變得容易，跨部門的溝通困難度也會隨之大幅下降，這正是想提升總管屬性的人，都該開始研究的方向。

此外，除了提升資訊透明之外，跨部門的工作流程、KPI的改動、調整成員的做事方式，以及提供團隊好的軟硬體設備，也是很重要的工作。至於人員層面，則應該要想辦法提升人員知識，以便大家能說共同的語言，並且產生更為接近的做事方法。

換句話說，「總管」必須從流程設計、工具應用、人員能力，以及後勤支援這幾個角度幫整個戰鬥單位思考，以便團隊能在平順中度過每一日。

但我也得提醒，軟體導入、資訊透明度，還有人員在管理知識上的訓練，僅僅還只是「法」以及「將」這兩個層面的提升，另一個至關重要的其實是「道」，但大部分的人卻鮮少思考這一塊。一是恐怕從來沒有人想過專案或是新產品其實應該要支持組織願景或策略，往往只覺得可以賺錢或是有市場潛力的都應該可以做；二是當專案被啟動時，大家會直覺認定「方向」這東西應該早有人充分思考過了。

但實際上卻未必如此，例如，某個看似有利可圖的案子，未必符合公司「擴大市占率」的目標，如果一味謀利，反倒在長線上亂了步調。所以，行腳商人雖然看到各種市場需求，工匠雖然自豪於自身的各類技術，但總管則必須站在中間拉住兩端，並試著幫大家理出一個最平衡的方向！

釐清營運目的，才有機會獲利

有人或許會問：「如果一個案子明明可以賺錢，我們為何需要為了所謂「願景」或「策略」而放棄呢？」

這是因為我們其實無法單看短期的財務數字，便能認定一間公司（或一個團隊）到底長期而言是好還是壞。畢竟短期績效的數字是可以做出來的，如果只炒短線，那很可能當市場趨勢改變，或是我們定位失去優越性時，就會被市場淘汰。也因此，我們必須要有不同的專案來對應不同的組織策略與目標，透過平衡性的方式來成長。

尤其當部分的專案目標未必是要賺錢，僅僅只是間接性的「支持」長期成長所需的基礎時，更應該好好地明確定義。舉例而言，一個專案的主要目的可能是想提升客戶對我們認知的價值（如宣傳性質的活動、改善客戶關係、提升客戶重複消費率、更改客戶跟我們接觸的方法或窗口等）；也可能是內部流程改善的（如開發資訊系統、或是品質改善計畫等）；亦可能是組織長期成長與學習相關的（如目的是人員訓練的案子、開發短期不賺錢但長期有潛力的產品線）。當然，也可能是純財務方面的（如開發新產品、代工、行銷活動等）。

不同的目的，就會有不同的控制重點。舉例來說，如果是3C產品的開發，可能時程最重要，因為晚一天上市，競爭對手就可能比你先推出類似的產品，要是晚個數週，搞不好根本已經落後市場一大截了（別人都出三千萬像素的相機了，你的一千萬像素的相機才做好，那不管東西多好可能都賣不出去）。而一個代工案，目的可能是賺錢、也可能是要學習別人的技術，也可能是要磨練團隊，如果這案子不是為了獲利，而是教育訓練，大家是否有學到東西並能加以應用可能才是最重要的。但如果不一開始釐清目標在哪裡，就可能方向走偏而誤入歧途了。

確定核心目的，才能放大利益

面對不同的市場，我們所需要提供的等級也可能有所差異，以一部電影來說，成人對畫面細緻度的要求要高，但是如果是幼兒，色彩、音效可能才是吸引他們注意的關鍵。所以這時候，「細緻度」或許是可以略微降低，顧客不會不滿意，銷路可能也不會影響，而非一視同仁都要達到同樣的細緻度。針對不同需求、不同市場區隔做出合理的商品，才是最符合公司全員利益的作法。

這樣的決策，其實是要在專案展開前，就要先充份評估且討論的關鍵重點。

因為唯有成案者能把此專案的「核心目的」跟組織長期的策略或短期目標有所串接下，這案子才應該展開。任何糊里糊塗、急就章的開案，往往最後都會是一團混亂，唯有目的以及管理的核心重點都能被由上而下的認同，並且被明顯辨識，案子才有可能走出正確的方向，讓後續執行專案的團隊，完成決策主管的期待，進而帶來真正的價值。

否則，若各成員對於這場戰役的認知都不同時，那必定有不同的期待，執行團隊也將動輒得咎。有人認為是要搶時間，有人認為要最高精細度，有人認為是要維護股東權益，有人認為是為了團隊訓練，有人認為是要最精省，有人認為是高獲利。當在目標上沒有共識下，那不管團隊做得如何辛苦，最後也可能一敗塗地，這就太可惜了！所以，總管角色的成員必須隨時幫團隊保持在中庸且平衡的方向上，以免團隊各自為政——分散了力量不說，更會造成互相的衝突。

規劃策略⑫

感性先走，理性殿後！溝通必勝……

說到Lv6的「銷售力」，可不是那種死皮賴臉強迫推銷的技術，除了賣東西外，還得具備行銷知識、同理心、對於市場的了解，以及心理學的基本知識。

就算不當行腳商人，銷售力仍很重要！因為每個人或多或少要面對客戶與市場。工匠要為產品與服務做簡報，總管也要向內部宣導管理方案，這都有賴良好的銷售力。

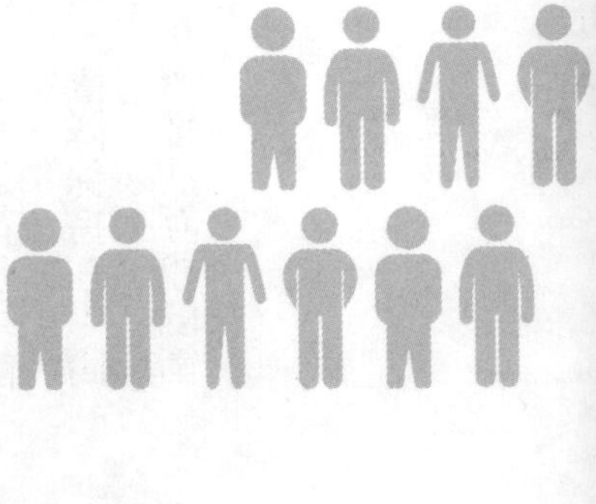

這是你第三次去跟客戶做簡報了。

前兩次的簡報中，你把產品各功能一條一條的做了介紹，本來以為這次該要談談購買數量或是討價還價等細節了，結果沒想到這次一開始，客戶要求你再針對每個功能跟對手的產品逐項解釋差異。但因為產品很複雜，很多功能差異一時半刻難以解釋清楚，所以這次簡報花了你極長的時間。也因為時間拉長，你發現對方的決策主管漸漸失去了專注力——有人開始打盹、有人在滑手機、有人跑去接電話久久沒回來……更糟糕的是，花了四、五個小時，很顯然你完全沒說服對方，離簽約的機率看似更渺茫了……

我自己職場早期，很多案子是PM兼做Pre-Sale，一開始沒人帶，常犯上面這種問題。當時很單純的覺得，反正東西不錯，只要我把功能一條一條的解釋清楚，把產品做個完整的介紹，客戶應該就會接受，以為只要訴諸理性，對方就也能理性判斷並很快做出決定。

但隨著經驗變多，後來慢慢發現，越是期望客戶理性分析，客戶反而越難快速決定，越會花很多時間跟你比對功能細節。

例如：「若A功能對方有，你怎麼沒有？」

「B功能你們兩家都有，那請解釋一下你到底跟對方有什麼不同？」

然而即便如此，若你大膽地問他到底需要B功能來做什麼？這時對方竟也常常會回答不出個所以然來。

我當年笨笨地拿功能做主訴求，客戶當然就被引導去計算「要如何用同樣價錢買到功能最多的產品」，而這樣的比較將永遠比不完，甚至最後只是讓他喪失安全感而決定不買。後來，我花了好些功夫才慢慢理解，其實客戶會有什麼反應，跟產品功能的強大與否毫無關係，反而跟客戶對於「情境理解」還有「安全感的建立」有關。

感同身受是成敗關鍵，功能在銷售上只是輔助

人對於「功能的價值」其實是無法自我轉換的，就算只是賣毛巾，強調吸水力超強，這段話對很多聽眾而言可能也是毫無感受的。

因為一大部分的人沒辦法自己聯想「為何我需要吸水力強的毛巾」。除非你先把這情境幫他建立好——「洗澡後，你通常需要多久時間吹乾頭髮？如果有個產品能減少你吹乾頭髮的時間，卻卻只需讓你多花二百元，你覺得如何？」這時候，他的興趣方才可能真正被挑起來……

毛巾會有這困難，更別說很多讀者恐怕還是賣軟體、硬體甚至是服務的。若在這類商品銷售過程中，太強調冷冰冰的數字，對方更容易產生「與我無關」的感覺。

你說，「這版本的運算時間能提升百分之十喔！」

可是，客戶會立刻疑問：「為何我們需要百分之十的運算提升？」可能除了會議室中少數的第一線工作人員外，所有高階主管都覺得事不關己，等後面看到為了這百分之十的運算時間，居然要付出的價格這麼貴，結論很可能就是「再議」。

這其實就變成一個失敗的表達，花了很多時間，但重點卻放在錯誤的地方，結果不但沒讓聽眾感受價值，反而升高了對方的不耐、防禦感，並讓對方覺得「這決策不安全」。

當人沒辦法「感同身受」時，他就無法體會這些功能對他的價值，這時候若要決策，損失厭惡（Loss Aversion）的心裡性就會跑出來主導決策。所謂損失厭惡指的是在決策時，大部分的人是傾向於規避有風險的方案。買錯東西的痛苦是高的，所以當價格相同的狀況下，人可能就傾向挑選功能最多的（CP值）。該決策若將來被指責的機率高，當效用沒有超過風險二點五倍以上時，大部分人很可能會傾向不做決策。

換句話說，若你沒有撫平對方情緒上對於決策的不安全感時，那你就得確保你的產品有比對手好上二點五倍了。

解套無須單刀直入，說故事其實也行

說故事，其實是另一種幫聽眾透過情境來理解產品價值的好方法。因為與其在簡報中不斷強調產品的功能清單或是訴諸冷冰冰的數據，其實更該花時間思考「客戶在獲得這產品後能解決什麼問題」來做為切入點，而且還要把這狀況變成一個明確的「故事」來說給他聽。

汽車產業就是非常會做此類訴求的好榜樣，這年頭已經沒有汽車廣告是用數字與規格在做主要訴求：「我們休旅車有七人座，每個位置的膝部距離是二十公分，後面行李箱深度高達九十六公分，椅背往前調整後的容納深度更可到一百九十公分……」因為如同前面講的，大部分人其實是「沒有自動演繹的能力」。九十六公分大家都可以理解，可是這到底具體是多寬？要這麼大的空間幹嘛？

這也是為何現在的汽車廣告都直接給你一個故事、一個情境：你要帶家人去露營，會有很多東西要帶，如果你買了這台車，就可以把所有的東西都裝入，連大型烤爐都能完美帶著走。一場準備完美的露營，可以帶給家人好的回憶、快樂的體驗，更重要的是，你會是一個好爸爸，所以用情境還有故事解釋後，也就把聽眾的目的與產品主訴求結合在一起——有原因、有被等著去解決的問題、有解決方案、也有從此幸福快樂的結局……

感性是判讀的前驅，理性通常只能殿後

只要你能讓「產品主訴求明確」，且「跟當事人有關連」，客戶就不會覺得做這決策不安全，直到這時候，他才真的會開始以理性來評判整個採購決策。

當我們自己是行銷人員或是負責專案的PM，常常因為對產品已經太熟悉了，會過份強調功能面的說明。可是這些功能到底「如何解決實際的問題」「那些問題到底是什麼」，反而常常忽略去多做說明。因為當我們自己具備相關知識時，我們很自然的會假設別人跟我們早有共識。

但這常常是我們與對方之間「知識的鴻溝」！所謂溝通，並不是只是話術強大或是聲音好聽，而是能不能理解雙方在溝通上的鴻溝（Gap），以及如何去化解對方情緒上的恐懼與不安全感。換言之，不管你今天是去銷售產品，是在內部為了某個專案提案，甚至只是在解釋專案的進展狀況，做為一個說明者，

你有責任與義務把問題以及你的解決方案之間的關聯連結在一起。

在你引領這些利害關係人跨過鴻溝前，理性的判斷根本不存在，功能也好，數值也罷，就算是精心設計的圖表，上述資料根本不會被聽眾的理性清楚判讀出來。這時候，當事人完全是以感性在跟你應對，內心的「不安全感」會主導所有的判斷。而在這情況下，你越是訴諸理性，對方越會排斥，最後也就難有好結果。這無論是在行銷、跟老闆甚至是跟戀人相處時，情況都一樣。唯有先把對方拉過知識的鴻溝，敲破對方不安全感的心裡情緒，我們才有機會跨入理性的討論。（買車的人當看了廣告決定需要休旅車了，後面才有機會理性談價格與配備）所以好的行腳商人需要了解人性、也需要學習說故事來把別人拉過知識的鴻溝，而所有說服的起點，是讓大腦的直覺接受你，讓對方「感到安全」以及「搞清楚這跟我有什麼關係」，理性最後才能發生作用。

這是大部分工程師或技術出身的人常有的盲點，以為理性是解決問題的關鍵，
但理性其實是當對方的心被打動後，下一個階段才該出現的內容！

規劃策略⑬

或許身不由己，但人生不該輕易梭哈

Lv8所提到的「創新力」，常常受到很多人誤解，很多人以為創新必須是一種石破天驚，讓所有人大吃一驚的全新事物。如同商業雜誌所報導的傳奇故事。

但現實中的創新態度，其實並不是豪賭一把的人生策略，創新可以來自於各種微小的變革，也可以來自於流程或服務上的調整，未必一定要致力於做出一個從來沒人想過的新東西。當然，更不是在基礎不穩的夢想上，跟別人

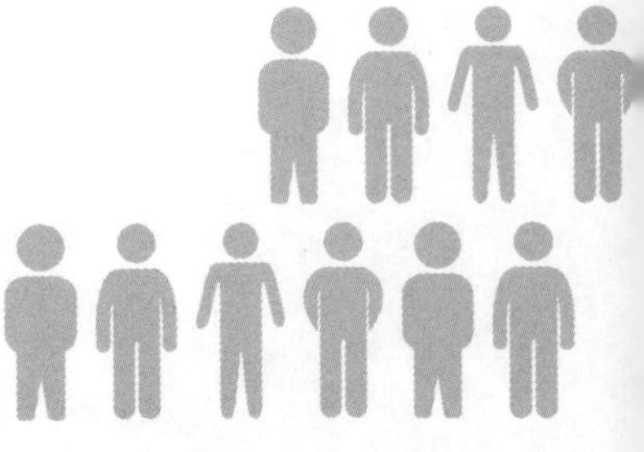

一次梭哈拚勝負……

上週在家裡看了一部李奧納多．狄卡皮歐演的片子，片名叫《神鬼玩家》（The Aviator）。談的是美國史上第一位億萬富翁——霍華．休斯。演他如何堅持夢想，抵押資產也要完成自己研發的飛機與電影。甚至最後還不惜跟國家對抗，非要證明自己是有能力造出全世界最大貨機的人。當然，最後他也確實如願以償地生產出可以載運坦克車的巨大貨機來。

不過這篇我要談的倒不是他這個人，而是想說，好萊塢真的很喜歡這種「賭一個夢想，並因堅持果敢而成功的故事」。不過試著想一想，它們這樣拍片，其實也不過是因為一般觀眾喜歡，投其所好罷了。我們每個人從小到大都崇拜這種追求夢想、屹立不搖、雖千萬人，吾往矣的決心。看著他們最後終於柳暗花明，證明自己是對的，或千辛萬苦達成夢想，總讓觀眾有股身心暢快的感覺。

這也是為何馬克・祖柏格、馬雲、賈伯斯，甚至是名導演魏德聖等人的故事這麼讓大家津津樂道的原因。因為他們都是堅持到底創造奇蹟的人，甚至很多商業雜誌，在刊登成功人士的故事時，也多強調他們當年是如何堅持地去賭一個夢想的故事。過程中，總有那種不惜質押了車子房子，常常連家人都沒飯吃的困窘狀況。好不容易勉強借到一些錢度日，就在快熬不下去的前夕，終於某某大廠或是客戶理解到他的產品，給他大筆訂單，最終一舉成功。

人生不該只是一場豪賭

先不討論他們的人生是真的這麼戲劇化，還是僅為了登上雜誌而多少有些加油添醋、投市場所好。但我總覺得，實際上的人生其實不該是這樣的，任何人，都不該讓自己的人生是這麼的一場豪賭。當然，我承認，人生有太多未知存在，所以真要用賭局來比擬人生其實也不是不行。但我覺得大部分的人該用「更好的賭法」。

舉周星馳的電影來說，那種賭王對決的下注法，因為非常刺激好看，所以深受一般觀眾的認同。賭王對決都是這樣：剛發兩張牌，賭王不動聲色地看了手上的幾張牌，發現自己拿到黑桃的J、Q、K，於是冷冷一笑直接把幾千萬的籌碼推到桌子中央，並口中喊著「全梭」！隨著莊家牌越發越多，觀眾鼓譟越劇烈、大家也都急著想知道這J、Q、K到底會不會是同花順……

當然，電影中主角最後都如願拿到了同花順，可是現實人生的梭哈通常就沒這麼幸運了。霍華・休斯有拿到，但更多人卻是梭哈後一無所獲。

你我的人生其實不該這麼戲劇化，畢竟人生的變化可比撲克牌變數更多，為了團隊的永存、為了理想與願景的踏實築夢，我們其實大可不必把籌碼一次全梭。

把握既有優勢，讓自己獨樹一格

放眼世界，長期成功的公司（如麥當勞或是GE），很少是僅靠一個點子而突然暴起的。事實上，絕大部分的公司從沒獲得一個能瞬間改變世界的偉大好點子。大都是靠著一個還可以的點子起步，透過不斷地跟環境碰撞並修正，直到最後穩定下來。

像Angry Bird這種靠一個Idea而突然大賺錢的絕對是少數，大部分企業其實更像是經營一個街角洗衣店、小餐館這類，關鍵是一群把事情持續做對的人。他們靠的是團隊緊密合作、持續累積名聲、小心經營、管理革新、規模經濟、成本降低、顧客關係與流程改善活下來的。當然，這種故事聽起來沒有那麼酷，可說是一點也不炫，但這才是長期存活的關鍵啊！

而且我老覺得，人生比任何遊戲都來的寬容與簡單，所以更是不用急著梭哈。

賭撲克牌時，你是不可以一直換到你想要的牌才繼續跟注，但人生是可以的。

每個人的起始點不同，有人出生有富裕人家，有人出身貧寒，有人長得美，有人姿色平庸，有人聰明，有人愚笨，但重點是，我們都有辦法慢慢累積好牌。比方說，透過學歷、經歷、知識、經濟力量、團隊、管理與經濟學、客戶認同、更好的服務，甚至是你的人脈，這些皆是可以慢慢累積的資源。而且，實際人生比打撲克牌更好的地方在於，我們可以找些跟自己能力不同的人，截長補短的組成最小戰鬥單位，縮短資源累積的時間。雖然我自己一人的行銷能力不強，但若我能找到行銷能力強的成員，大家還是能夠共榮共生。所以，你實在不用急著一次把籌碼用完，更不用急著為夢想而死，只要小心、有計劃地往前走，絕對可以慢慢加注並在商業環境下穩步扎根的。

在這情況下，「梭哈」是最沒有道理的一個策略。因為梭哈的意思就是，我不管外界的反應，我也不先等看後續走勢，我就是只要跟著我初始的夢想同生共死。贏了，當然風光異常，也突然讓大家都知道你了；但輸了，你也將損失了所有目前你累積來的好牌。若運氣再不好些，恐怕一次慘敗後連翻身的機會也沒有了。

孫子兵法有云：「是故勝兵先勝而後求戰，敗兵先戰而後求勝。善用兵者，修道而保法，故能為勝敗之政。」說的直白一點，意思就是：會勝利的軍隊是因為已經處在一個勝利的位置而才去作戰。而會失敗的軍隊則是先去挑釁別人，然後才開始思考如何能得勝。

所以呢，我覺得人生的賭局也是一樣的道理。等到自己終於拿到一張好牌才開始加碼投入更大的賭注；而沒拿到好牌時，則該先想辦法累積實力來不斷換牌。蹲好馬步、招募成員、強化團隊、培養默契、累積人脈，直到你又有更好牌時才再繼續加碼。

總之，要先想辦法讓自己立於不敗之地，努力讓自己不失去這些已經獲得的優勢。要比氣長，我們就得盡可能不要梭哈。勝利有時候真得有點運氣。運氣不來時，最少先保持自己不敗亡；但若運氣一來，就能乘風而上。這概念其實一點都不難，只是實在違背我們內心的英雄夢，所以很多人對此往往不屑一顧。但這雖是無趣的策略，卻也是最合宜並能保護團隊的策略，所以，大家其實應該重新思考思考這個踏實策略才是。

切勿為了一次成功，耗損所有心力

但大家也別誤會我，我強調「踏實策略」，可不是說我們不該去追尋夢想。追求夢想絕對是很棒的，但重點是「不要為了一次成功而耗損所有心力」。一條路走不通時，可以退後慢慢來，而不用一次把機會用盡。一個夢想需要太多資源挹注時，也可以分階段、一點一點地累積需要的力量。

很多人是咬著牙、拚那個自己認為的夢想，甚至是過度的用力了。過度用力下，很可能還沒達到夢想前，力氣已用盡了，不然就是好不容易達到夢想，可是卻沒力氣走更遠。

這在很多專案團隊上最能看到，低價搶下一個極度難、完全超過目前團隊能力的案子，也為了那樣的一個案子，擠壓、壓榨、絞盡腦汁、投入過度成本、天天過度加班。最後案子雖然有做完，可是垮的垮，該出走的也都走光，甚至公司還根本沒因此賺到錢。

這不就是梭哈嗎？

用盡一切代價，卻沒考慮萬一失敗該怎麼辦，沒留下東山再起的力量時，那只需要一次敗亡，人也就將跟著陪葬。事實上，我相信跟霍華．休斯相同時代，也有很多僅是「一般成功」的人（也就是沒有達到億元身價，只有千萬或百萬身價的那群）。他們恐怕比霍華．休斯更圓融，也更懂甚麼叫做先立於不敗之地的意思；他們會考慮轉圜的契機，也永遠保留一個人生備案。因為人人都知道，我們不可能永遠看對，也不可能永遠好運。霍華．休斯或許順遂，但我們若認真分析，那恐怕並不是因為他的堅持，而是因為運氣。

說到運氣，那其實就是你我很難模仿之處啦！所以，賭神式的梭哈拚比同花順的故事，就讓我們把它留在電影中吧！現實人生，還是多讀讀《孫子兵法》的好。

規劃策略⑭

皮克斯教你，用故事打動人心

來到知覺價值第八階的工匠、總管與行腳商人，將以創新力帶動最小戰鬥單位一起成長，其中「說故事」的能力額外重要。唯有借重說故事才能打動人心，引發改變，讓更多人與你一起擁抱創新與變革！

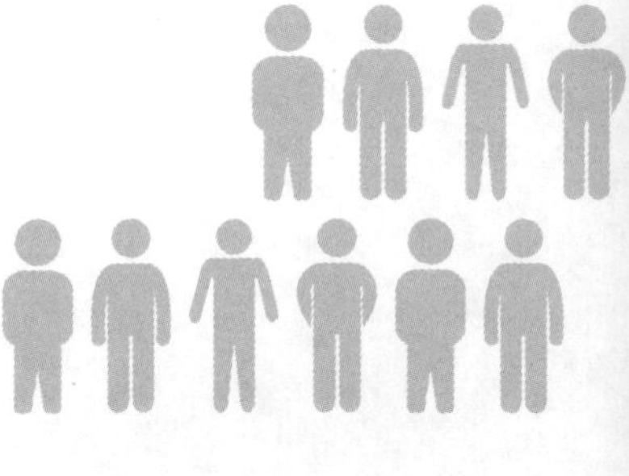

我常在講座或是課程上強調「說故事」的重要性，想要打動人心，與其拿出一堆數字或是大道理，常常遠比不上講個有趣且到位的故事來得管用。近年來，

行銷與管理領域的專家們也強調故事的重要性，只不過說個好故事談何容易呢？有次和朋友聊到這件事，他說自從有了小孩之後，每天晚上都「被迫」練習講故事，說得不精彩，「聽眾」會直接吐槽，但說得太精彩，聽眾又興奮地睡不著覺，失去原本說故事的目的！久而久之，自然練就一套說故事的本領！

靠小孩練習說故事很有幫助，但總不能為了說故事去生小孩吧！有沒有不需要「弄出人命」的方法呢？

我在網路上找到一篇有趣的文章，講的是皮克斯工作室（Pixar Studio）的說故事祕訣，原文來自於 Emma Coats 小姐的 Twitter，她擔任過皮克斯的故事腳本家（Storyboard Artist），很多部膾炙人口的動畫像是《怪獸大學》、《勇敢傳說》都是來自他們的團隊。文中提到了二十二個祕訣，大家可以上網搜尋，不過其中有條標準公式最吸引我的目光，這條公式是這樣的：

很久很久以前……每一天……

有一天……

因為那樣……

因為那樣……

到了最後……

基本上有了這樣的句型，我們就能說出個結構完整的故事。我們來把《海底總動員》（Finding Nemo）這部電影套上這個公式，看看是不是真的符合：

很久很久以前，海底住著一對小丑魚父子馬林與尼莫，每一天馬林都告誡尼莫大海很危險。

有一天，尼莫為了反抗過度保護的父親，獨自游到陌生的海域。

因為那樣，他被潛水伕逮到，並且困在雪梨一位牙醫師的魚缸裡。

因為那樣，馬林踏上了尋找尼莫的冒險旅程，一路上得到許多海洋朋友的幫助。

到了最後，他們終於父子重聚，並且重新找回彼此的愛與信任！

你可以試試看在所有的電影裡套用這個公式，其實還挺好玩的，當然啦，你也會發現某些好萊塢娛樂片的劇情更簡單，頂多用到「有一天……因為那樣……到了最後」就演完了！例如有部電影是這樣的：「有一天雷神的弟弟跑到地球上來搗蛋，大家都很困擾，因為那樣雷神就找了一堆牛逼朋友來幫忙打弟弟，到了最後弟弟被打趴了，就被雷神拎回天上去了（完）。」你一定知道我說的是哪部。

說故事，打動人心、尋求合作的捷徑

我自己執行專案的時候，也常用說故事的方法陳述我的計畫。背後目的有兩個，首先是讓團隊成員對整個專案的來龍去脈有個輪廓，其次是讓大家了解各自扮演的角色。專案經理當然就是這個說故事的人，每天要重複不斷地把這個「故事」說給主管、客戶、團隊還有供應商聽，讓大家掌握工作的重點，還有了解自己在故事裡所扮演的角色。

馬上舉個例子：有間經營傳統零售業的公司，為了跨足電子商務，開啟了一個建立購物網站的新專案。不少人對這個專案的目的存疑，身為專案經理，為了取得大家的支持，你該如何訴說這個故事呢？現在就是你發揮創意，變身為故事腳本家的時候！

很久很久以前，ABC公司透過實體店鋪販售各種商品，每一天ABC的店員都親自服務來店的顧客。

有一天，網路購物興起，越來越多顧客透過網路來購買商品，店鋪隨之冷清了下來。

因為那樣，ABC的業績急速下滑，面臨了存亡關頭。

因為那樣，ABC 決定涉足網路購物，希望透過購物網站迎頭趕上這股趨勢。到了最後，網站獲得大大的成功，ABC 重新奪回零售業龍頭的寶座！

你看，原本很難搞的一個專案，突然變成一個可歌可泣、感人肺腑的故事，只要稍微再潤飾一下，很快連《商業週刊》都要來採訪你了！

稱職的「總管」，說書能力不可少

就算沒人來採訪，有了這個故事腳本之後，好處多多。

向主管爭取更多資源，說服其他部門給予支援，要求團隊更多的協助等等，透過這種有技巧地講個故事來打動人心往往很奏效。不願這樣做的人覺得，公司重要的政策或專案，大家應該都知道背後的原委，還需要講這種故事嗎？

請你相信我，根據我們擔任企業顧問的多年經驗，許多時候，多數員工根本就不知道、不關心或沒注意公司政策的原委與目標。我參加過很多次企業內部的專案啟動會議，我通常會問大家，本專案最核心的目標有哪幾個？很多時候大家不是答不上來，就是出現各自矛盾的版本，甚至連金額上千萬的專案也是如此，一點也不誇張……

另外，故事的魔力就在於，你的訊息就會深深烙印在聽者的腦中，而且聽者很容易就會再度透過說故事的方式，把訊息傳遞給其他人！遠古人類的歷史，不就是靠口述故事代代相傳？演藝圈的八卦、政商圈子的軼聞之所以如此引人入勝、快速傳播，不也就是蘊含其中的故事性實在迷人！

要製作一部好看的電影，除了要先有吸引人的故事腳本，接下來就是進行劇本的編寫。管理工作也是如此，在釐清目標之後，緊接著便是制訂出細部的計劃。所謂計畫，其實就像是一部劇本，裡面清楚記載所有的演員該在何時、何地、面對何人時，做什麼樣的演出。換言之，運籌帷幄、調兵遣將、臨機應變，這些都是「總管」屬性的達人所必備的特質！

正所謂「千里之行，始於足下」，管理這門學問看似有很多知識和技巧，但其實踏穩第一步比什麼都重要：先要讓所有團隊成員百分之百了解大方向與大目標，這就立即解決了七成的管理問題。再者，溝通比什麼都要緊，而說個簡單動人的故事，就是一個既有效且有趣的開始！

規劃策略⑮

「脫序」有跡可循，管理才是解藥

總管這樣的特質，乍看起來好像不如工匠或行腳商人這麼風光，畢竟「工匠」能從無到有的產生價值，而「行腳商人」亦可做到貨暢其流地滿足市場，但反觀總管只能定下一堆規則和流程，好像只是來找麻煩的多餘人力呢？

然而事實並不是這樣的！總管雖然不直接製作產品，也不接觸市場，但這個角色卻是確保團隊穩定的重要力量。

因為一個組織其實是一個有機的系統，會在團隊運作過程中自然而然的趨

向「混亂」，如果沒有好的總管在背後協助「撥亂反正」，並在其中平衡產品端與市場端的矛盾，那麼再強大的團隊最終都會崩壞！所以，若你覺得只要技術好，或是只要會銷售，我的團隊就能天下無敵，那請務必看看這一篇……

熱力學中有個字眼叫做「熵」（Entropy），是用來衡量系統的失序程度。所謂失序程度，可以簡單地理解成「狀態的混亂度」。根據熱力學的第二定律而言，在一個封閉的系統中，熵值其實是會不斷增加的。舉例而言，如果我們在房間裡噴一點香水，香味是會隨著時間慢慢發散，這是因為氣體分子朝四周逃散，並讓香味的亂度擴散。

大家（包含我在內）對於熱力學應該沒什麼太多研究，但大家只需要知道：在任何系統中，混亂度都會隨著時間而自然增長。

背後的原因是因為在世界上，任何事物有規律的狀態僅只有幾種構型，但失序狀態卻有無限種。比方說，就存在於我房間地板的雜物、紙屑及灰塵而言，它們會隨機且平均的出現在任何角落。這是正常的，因為會導致混亂的因素太多了，風吹、灰塵亂數分布、螞蟻或其他昆蟲闖入、有人不小心碰撞到東西、掉落了食物、滴落了飲料等等，這些原因都會擴大房間的混亂程度。但若某天房間的灰塵都剛好集中的出現在地板中央，那就不太對勁了。因為這絕對不是自然亂數隨機下的產物，很可能是有人趁我外出時，偷偷進來打掃過的結果。

所以我們若什麼都不做，那萬事萬物一定會越來越混亂；但若想降低亂度，通常就需要持續對那系統「投入外力」。比方說冰箱要維持冷度，要持續供應電源來對壓縮機做功。灰塵紙屑要集中起來，我們就得使用掃把或吸塵器。換言之，我們不斷透過某個外力來干預，不然任何東西只會越來越失序，而不是越來越整齊。

當然，這篇我們並不是要討論熱力學。畢竟我主要想繼續談的，還是管理這件事。熵的概念在商業活動中，其實是個可以類推的例子。

失序絕對其來有自，撥亂反正有跡可循

一個案子的管理階層或經營者，若沒有足夠的遠見及管理能力，也無法戰戰兢兢地看待每個案子的風險時，案子失敗的機率其實遠大於平順完成的機率。畢竟在什麼都不做時，案子的熵會隨著時間增加，混亂度會自動增大。就算一開始專案內容定義的再清楚，過程中要是沒人監控、控制風險、撥亂反正，還是會有很多狀況會讓亂度提高。像是範疇可能會發散、工作可能出意外、人員可能生病、關鍵人員可能會離職、材料數量不夠、東西會做壞、訊息傳遞錯誤、成員產生糾紛、電腦會當機、分批做好的原件無法整合、合約條文漏看、做好的檔案意外被覆蓋等等皆是。當然，還有更多可能會出意外之處，這裡就不

一一表列了。

所以，若我們要讓「失序程度」降低，就得透過外力來干預，而這就是「總管」的價值了。

不過呢，大部分人常把產品製作給予過度的權重，以為只要技術夠強人才夠多，事情自然就會順利，所以「管理價值」比較容易受人輕忽。而管理容易被輕忽，也其實不難理解。因為管理雖然是一種專業，但外行人卻從來不會覺得那有什麼了不起的。如果你是一個好的管理者，能帶給組織最好的成果就是所謂的「太平盛世」——事情都正常地每日發生著。

可惜，這聽起來既不刺激也不有趣，久而久之，深謀遠慮的管理者反而就容易受人輕視。畢竟外人並不知道好的管理幫團隊避開了哪些風險，降低了哪些亂度，大家很自然地就會產生一種錯覺：「事情之所以順利，是因為它本來就會順利」。老闆看這人每天閒閒，好像可有可無，會覺得多他少他，事情應該也還是正常運作吧？而看在其他外人眼中也會覺得分外眼紅，想說這人只是上班、下班，而這有誰不會呢？所以，我們也想要取而代之……

外力干擾強化規律，總管價值隨即浮現

這也是為何管理這專業，雖然大家琅琅上口，但其實並「不被大部分人理解」的原因。因為一般人多以為，成功是源自於好點子帶來了新發明，比方說像iPhone，很多人總以為成功的唯一關鍵在於蘋果的創新或是賈伯斯對於完美的要求。但我總是帶點偏見地認為，蘋果的成功，更關鍵的因素在於團隊平衡地具備了「把事情實現的能力」。換言之，蘋果的成功絕對是整個管理團隊的價值，而不該過份推崇賈伯斯一個人，因為如果賈伯斯處在另一個做事毫無章法，全是新手，無法保存機密，甚至毫無執行與管理能力的團隊時，我相信他就算

再有遠見，恐怕也是無能為力的。

所以他背後這些人雖然總不被人認識，但卻是最核心的關鍵。換言之，如果不是兼顧兩者時，空有夢想者也將注定失敗。終究需要有人能整合團隊、控制風險並降低系統發散的趨勢，不然系統會自然地發散、混亂並導致專案失敗。

另一個我覺得專案組織要成功的重要因素，則在於組織或是公司必須願意花時間累積一些團隊資產。

波士頓諮詢集團（The Boston Consulting Group）提出一個理論，叫做「經驗曲線」（Experience Curve）。這東西認真說來其實算不上是什麼學問，基本理論就是跟學習曲線的概念是一樣的，也就是當你團隊重複執行某個工作時，隨著次數增加、團隊投入的時間或成本就有可能逐漸下降。

就算只是簡單如折信封這樣的工作，當折第十個時，有可能跟折第一個時有製作時間的差異。因為多折幾個，我們會找出最好的做事方式，我們會修改流程，也會改變材料與摺好信封放在桌面的位置。這些調整，都有可能讓事情更順手。所以，既然折信封都能因為經驗而提升效率，任何其他事情也都是如此。

伺機調整作業流程，真實演繹熟能生巧

那這跟專案或是商業經營有什麼關連？

我們的結論乍看會讓人覺得不覺一笑：就是如果專案類型的組織要賺錢，那你應該循序漸進地做案子——同樣的時間內，你該做好幾個簡單的案子，而非只做一個很難的案子。

看到這邊你笑了嗎？但請你先別急著笑。

雖然理論上講起來簡單易懂，但很多人並不這麼執行。舉例而言，若是一間

SI的系統整合公司，第一次承接的開發類型，有很高的機率是不會大賺錢的。因為專案有很高的混亂機率：像是需求不清、資訊不明，技術生疏等等因素，通常最後能打平就已屬萬幸。

不過，要是你能順利完成一個案例，你應該要試著找另外三個幾乎一樣規模的案子，因為同樣規模的案子第一次很可能不賺錢，第二次勉強小賺，第三次才真的有利可圖。若考量彌補前次失敗的虧損，同樣規模（或僅放大一點點）的案子最少要接四到五次才行。這時，團隊終於賺了一些錢，大家也因為歷經多次的經驗而累積了管理實力、默契、技術以及標準流程，而這些經驗資產會是我們迎向挑戰的基礎。

只不過，很多人就愛反其道而行。想說既然第一個案子能結案，那下個案子我們就該更加挑戰自己，不如就來接個規模更大、複雜度更高的案子吧！心想：「既然我們有幫錄影帶店寫過一個租片系統，那我們下次應該也有能力幫航空公司寫訂位系統。畢竟這不就都是資料庫、數字處理與客戶管理嗎！」

但可惜的是，在專案世界中，尺度不同，往往就代表一個完全不同的東西。蓋車庫跟蓋 101 大樓不一樣，寫 IOS 的遊戲跟寫 PS3 的遊戲也完全不一樣。弄一個朋友的生日派對，跟規劃金鐘獎也必然天差地遠，當婚禮攝影跟拍電影要顧慮的東西更是差得多。若你不做同樣的案子，靠經驗曲線來獲利，並讓團隊培養出一個標準的做事方法，那這絕對是在自取滅亡。

因為不同尺度的案子，面臨的問題大不相同，很多管理構面的東西都得重頭建立。對於基層員工而言，新技術得重新摸索；對中階主管而言，監控機制與流程都得調整。加上挑戰增加，以及專案會隨著時間增加混亂度的因素，團隊挫折感則會提升，換言之，隨著時間推演，團隊信心通常會等量下降。士氣亦然……

強化管理核心求穩，精控專案規模取勝

大部分做這類決策的公司，碰到問題時很少真正覺悟要改善整個管理流程並縮減專案規模（當然，如果是接案，除非毀約，否則大概沒救了）。一般老闆的做法大多是信心喊話、加班、拚命、僱用更多人，或想辦法作弊並試著驗收時不被發現。但無論如何，最後都會是老員工大量離職，並持續補充更多什麼都不會的新人進來，結果很可能是勉強結案，但通常此時已元氣大傷。

再者，有挑戰性的案子中，風險損失常常侵蝕了大部分（甚至全部的）的獲利，導致在財務上難有理想的收穫。這時，公司的實力已經在「越級打怪」的案子中弱化了，結案後沒獲得財務回報，會造成公司很難用原來薪水雇用同等級的人。所以，結案後的新人資質甚至比原本團隊更差，勉強結案後，團隊居然變得比之前更軟弱而非強大，這不就完全搞錯了嗎？

但難道我們就不能做些更難的東西嗎？

那倒也不是。而是你得考量一件事：當案子規模大、複雜度提升一等級時，案子進行的混亂度其實是提升數個等級的，所以你團隊的管理能力與整合能力是關鍵要素。你得要有更強大的管理團隊去面對「專案熵」。如果只是空有技術卻缺乏強大的「總管」時，那冒險想去做個大案子，幾乎可說是一個有勇無謀的賭博，而且必敗無疑。

所以，若想經營一個以專案為核心的產業（或團隊）時，我們得把握兩大原則，一個是強化管理核心，建立強大的管理團隊。第二，控制你的案子尺度，以便讓經驗曲線能發揮作用，這是唯一一個鞏固基礎，並獲得成功的關鍵。

規劃策略⑯

團隊運作之道：民主≠政治正確

我們生在一個民主的時代，也因此很多人自然而然地想把這樣的規則帶入團隊運作中。只是尊重每個人的聲音雖是好事，然而職場與商業運作息息相關，將關鍵問題讓給專業人員來主導，有時候會比大家各持己見來得更加重要。甚至在很多時候，大家口頭上的「民主」與「尊重大家的意見」，其實只是誰也不想負責的同義詞……

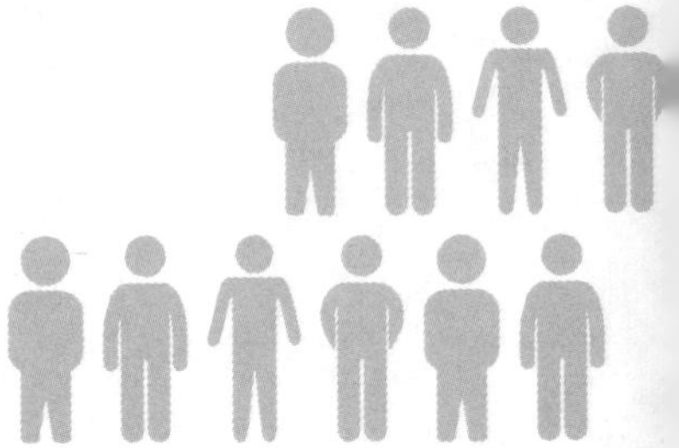

記得之前有次在進行一場管理課程時，發生一件讓我覺得很有意思的事情。

在活動中，其中兩組有人出來積極地整合大家並做出決策；而另外兩組呢，則是採取集體決策的模式。在活動結束討論時，我們就對同學拋出了一個問題：「我們注意大家在活動中採取著全然不同的運作方式，有兩組是權威式，也有兩組是民主式。請大家談談你們的想法？」

有趣的事情倒不是大家有不同做法，而是在我丟出這問題後，所有人居然都「不約而同」地否認自己團隊有任何權威狀態存在。不管是原來努力主導方向的人，或是原來在過程中被主導的人，全都努力跟我解釋說：「剛剛內部其實都有充分討論，而且絕對是集體做出決議的。」大家很可能害怕我們兩位老師覺得任何的團隊不夠民主而被我們責難，所以才會如此慌亂地解釋……

這點讓我覺得很好玩，但也讓我覺得害怕。好玩的部分，是深嘆社會教育的成功，讓民主精神落實成為環保議題般的「政治正確」思維。而害怕的也剛巧就在這個點上，大家居然根深蒂固地覺得集體決策是「唯一正確」的管理手法。但我其實非常建議專案型組織或是最小戰鬥單位的成員，該好好想一想這問題。集體決策用在國家治理上或有其不得已的狀態，但企業與團隊該小心這方法可能的缺點。

管理不是投票表決，折衷絕非唯一良策

民主式集體決策的缺點，在於最終其實平均了大家的意見。專家的見解，常必須妥協於一般人的意見，最後的結論必然是兩者意見的折衷。

如果群體整體的能力都很好，那或許能得到個尚可的結論。但可惜的是，如果大部分一般人的能力不好，這樣的集體決策所能得到的，往往就是一個很差的結果了。就像股票均線一樣，長期來看，這條線一定只會是在價格高點與低

點的中間擺盪，集體決策也是如此，得到的結果一定是「決策團隊中最聰明的那人與最笨的那人意見的平均值」。聰明人多，平均往聰明那端靠攏；聰明人少，平均則自然往笨人那邊靠攏。

這也是為何那些中東或是非洲小國貿然走民主模式下，國力反而更加一落千丈。因為當連那些不識字的人都能主導其他人的生存方向時，自然得出的是個低於平均水準的政策與方向。

但我得說，國家運作上非得如此不可。因為人民難以更換居所，我們很難因為不喜歡某個土地或某個統治者，而馬上決定明天要移居別處。所以在國家的政治運作上，讓每個人的意見都參與決策，我覺得這是個合理的思維。

這在國家治理上雖然有些缺點得忍受，但在商業團隊合作這件事情下，強調民主就有其盲點了。因為若真覺得在某個團體中，自己跟別人的理念或經驗有很大差異時，與其非要跟別人爭執並說服對方，還不如一開始就尋找理念相同的團隊來的更簡單。同樣的，如果某個人真的是我們身邊的唯一專家，我非要班門弄斧地請他把我的意見也考慮進去，好像也是沒什麼道理的事情。

換言之，既然找理念相同的團隊所花的力氣小於說服別人，其實沒什麼道理硬要搞一群觀念不同的人在一起，然後努力去平衡大家的觀點，這是在組織規則的建立上，一開始就沒有必要存在的事情。

恰似外科手術團隊，成就專案幕後推手

事實上，若一個團體之存在是為了要達成某個目標為導向（如完成專案）時，最有效率的團隊模式其實是所謂「外科手術團隊」。

如果你有看一些醫療手術的影集，你大概會知道，在手術室裡頭，操刀的醫

生是權力最大的一個人，周圍可能環繞著麻醉師、手術助手、護士、監控系統的人員、觀摩的學員等等，雖然團隊人數眾多，但只有操刀的醫生才是決定一切的人。周圍的人或許會提供意見：「醫生，這劑量確定嗎？」

但只要醫生一旦下了決定，其他人就照著命令執行下去，就算根據自己的經驗或是專業不完全同意，當場也必須把工作照著命令往下走，沒人應該在手術室中跟醫生辯論：「醫生你該先切另一邊喔，不然我不接受你的指令」。

外科手術為何這樣運作呢？

因為在手術過程中，可能有各類的意外與變化，唯有一個人決策、一顆腦、一條命令，大家才能同一方向的把這些意外排除掉。或許他的決策事後看並不完美，但與其當場吵半天而浪費處理的黃金時間，還不如大家一心一意的先把事情做完。無論當下的決策好與不好，都不需要當下吵鬧。決策好，榮耀歸他，但若決策不好，最後他也必須負責一切結果。

但若是過度的相互尊重，除了讓權責不清、難以累積歷史經驗外，更是效率的殺手。註定失敗的團隊都有一個特色——每個人都有意見，每個人都秉持自己的專業，誰也不讓誰。決定出來後，大家還要七嘴八舌的提供「更棒」的意見，或是沒人願意出來拍板定案到底該怎麼辦。

菜鳥掛帥老鳥扯後腿，專案執行多半卡關

專案環境非常類似外科手術環境，有些決定必須是要根據當時情境立刻做出取捨。這類取捨自然不可能面面俱到，有時候甚至淪為有一大好卻生出無數小壞的窘境。就像手術室中，醫生決定下刀方法後，可能病人活下來，可是卻癱瘓了。如果人人支持，最少手術能完成，病人也或許還能活命；但若大家在手術室中吵成一團各自為政，甚至還要表決方法時，可能病人早死了。

所以我自己這幾年工作得到的偏見是：如果你希望專案成功，管理上就必須適度的專制。同一時間，必須只有一人在下達命令，而其他人則完全配合。不能被大家認同的人，一開始就不要讓他／她當管理者；但如果讓他當管理者，大家就該接受他的調度與規劃。

之所以會這樣講，在於我看過好些組織雖然不特別崇尚民主，但資深有經驗的技術人員因為害怕承擔責任，所以往往推個沒經驗的人出來當「掛名」的專案經理。如果大家聽從這掛名專案經理的指揮倒也沒問題。但是資深人員因為經驗豐富，往往不買專案經理的帳，於是一個案子裡頭，真正的決策者可能很多個。專案經理明明已有詳細規劃了，資深技術人員又會推翻提另一個看法。若案子時間充裕、人手充裕，可能不過就是大家感覺互相卡來卡去的，但勉強都還能把事情做完。但案子往往只要一不順利，又需要互相支援時，場面就會變得很「醜陋」了。在此情境下，案子也幾乎沒有意外「必定會陣亡」……

意見繁雜的組織，產出效率毫無章法

這也是我反對團隊「過度」民主的原因，因為號稱民主的團隊總有個我從來沒見過有例外的特色——就是這類團隊只有開始時能「看似」很民主。

一開始彼此很有距離、高來高去地相互尊重，大家似乎都可以自由發表意見。但實際上，這可能只是相互牽制，必須妥協不同山頭的精心表演。也可能是沒人想擔責任，大家都只在嘴上講些「最好要怎麼怎麼」的建議，但誰也不想拍板定案。這類假民主背後的理由有很多，但最後下場必然是大家會妥協在一個不是最好，不是大家都滿意，可是每人勉強還能接受的做法。

但這種不是最好，只是為了互相妥協的做法後面往往會卡住。這時候，大家可就不會保持風度了，會開始吵鬧、開始交互指責。而且很好玩的是，危機發生時還是會有一個在該團隊中，最有權力或說話最大聲的人跳出來做危機處理

（比方說背後的大老闆）。可是因為他通常不清楚案子的來龍去脈，也未必知道進度細節，他拍板定案的急救方案要不是完全偏離現實，要不就是沒有幫到忙。勞師動眾下，最後搞得所有人怨聲載道。

換言之，其實這類案子最後都不免會走向「專制」，但這時候大家已經滿腹委屈了，而且好的處理時間點常常也早已過去。如果一個組織會有紛爭，民主式的集體決策只是把爆點延後。爆點延後其實沒什麼好處，因為炸彈還是要爆，只是死的人更多，前面走更多冤枉路罷了。

與其如此，那還不如一開始就走稍微專制但規則明確的路線：大方向、作法、權責、回報機制、技術方針都先由特定幾個核心負責人擬訂好。能接受的，就一起合作，不能接受的，換去另一個團隊。如此，在大家都能支援目標下，其實產出反而容易順利。否則不管用什麼方法、技術、軟體，一個意見繁雜的組織，就是無法達到有效率的產出。

下次提到集體決策時，請記得：每個專案中並非每個人都能即時接觸到相同的資訊或了解全貌，若只是任由大家堅持自己片面的「認知」與「經驗」並提出可能相互牴觸的做法下，案子最終很可能將哪裡都到不了的。

規劃策略⑰

在老闆眼中，你是發電機or螺絲釘？

在企業主的眼中，員工有兩種，一種是發電機，一種是螺絲釘。想要達到知覺價值第九階的達人等級，從進公司第一天起，就要盡一切所能，讓自己成為別人眼中的發電機！

在本書開頭我們提到過，現今的分級教育制度與職場規則，其實與工業化有著密不可分的關係。為了配合生產線大量生產的目的，人員必須精密分工、各

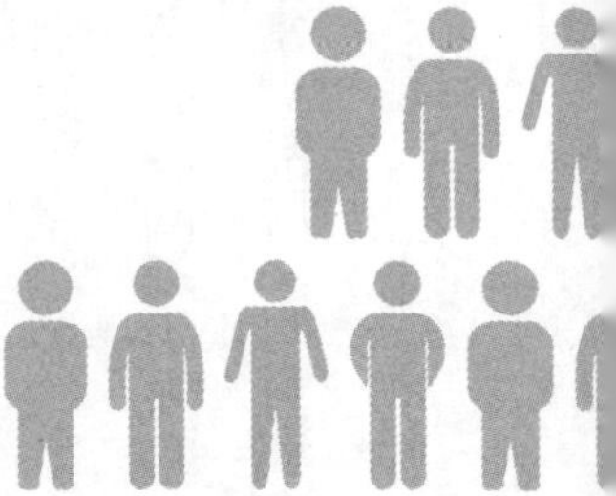

司其職，所以我們在進大學前，就得選定科系，並且用分數篩選排序，同時重視數理、輕忽人文，這樣才能替生產線培育出「好用」而且「立即可用」的人力。工業化生產需要資本和勞力的集中，這樣才有效率，所以擁有豐富資源的恐龍型組織，才能有效降低成本與提升產量。正因如此，大家開始認為，唯有依附在大型組織之下，才能生存。組織往往被比喻成一具大型機械，每個人為了這個機械的運轉付出自己的一生心力。從小到大，父母老師也常用「扮演好螺絲釘的角色」來激勵我們，你看看，把人比做螺絲釘，這不直接呼應了我們機械化的世界觀嘛！

我們正逐步擺脫工業時代，邁向一個以資訊科技和網路為主的新紀元（也有人說是後工業時代）。看看你手上那隻上萬元的智慧手機，負責大量組裝的廠商可能賺不到五十元，反倒是負責設計、架構訊息平台，還有研發關鍵組件的團隊，才能拿到最大一塊利潤。就連傳統的服飾業也一樣，掌握品牌、設計與通路的公司是老大，工廠只是接受指令賺取微薄的代工費。所謂的代工，也就是「代替你做苦工」的可憐蟲！若繼續這樣推演下去，我們其實不難理解，從「生產線大學」畢業的學生們，如果沒有創新、整合能力，那麼身處在這個全球化的價值鏈中，其實是很難翻身的！

那究竟應該怎麼樣才能翻身呢？理所當然的就是成為「工匠」、「總管」與「行腳商人」，並且逐步提升自己的知覺價值，讓自己成為一台「發電機」而非「螺絲釘」。因為在企業主的眼中，這兩種角色有著截然不同的價值，也勢必將走向完全不同的命運。

螺絲釘僅具單一功能，發電機擁有多重用途

螺絲釘的目的是連結特定的機械零件，只要尺寸不合，螺絲釘就派不上用場。大型組織裡有很多流程與產品，需要很多螺絲型的員工來處理專門的問題，久

而久之，員工也就只會那一招，若有一天被迫離開公司，很容易就變得一無是處……這就是為什麼很多退伍的軍人和公務員只能當大樓管理員的原因。新聞報導國內某知名紡織廠無預警倒閉，數百名資歷二三十年的老員工頓失依靠，你能說他們全是一群不盡責、不專業、不認真的上班族嗎？當然不是，問題的癥結在於他們的技能就像螺絲釘一樣，只能在特定組織與產業中奏效，而這正是個人最大的職涯風險。如果你希望在職場中獲得穩定，僅僅做到奉公守法、依規定辦事，這絕對是不夠的，你還得想想，萬一公司臨時發生變動，自己的價值能否像發電機一樣，工廠生產可以用，員工尾牙也可以用，能符合各種職場的需求！

螺絲釘用來承受壓力，發電機主要提供能量

當一顆螺絲釘其實是非常辛苦的，因為先天就是被設計來承擔壓力的（就力

學上來說，還得承受張力與剪力）。需要創意、充滿挑戰的工作，基本上是不會落到螺絲釘型員工身上的。因為老闆真的只會把你當成是一顆螺絲釘看待，你的價值就是承受壓力與苦勞，並且不允許有一絲地鬆動，當辦公室裡出現新的機會，通常也不會落到你頭上，因為大家都認定螺絲釘就該牢牢地固定在原處。有些上班族在公司裡苦熬數十載甚至一輩子，好不容易撐到主管離開、留下空缺，原以為理所當然地可以被扶正，孰料高層卻空降另一位年輕主管來……

還有更讓人覺得不公平的例子是，有些人在公司推動新業務失敗後，表面上似乎被檢討，但卻又很快地委以重任，甚至獲得更多的資源來發展。但螺絲釘型員工長年兢兢業業，若難得犯了一個不過米粒般大小的失誤，往往就會被嚴厲檢討，甚至降薪拔階。看到這邊大家一定很想問：「有沒有搞錯？」但實情就是沒有，因為對方是發電機，凡是需要電力的地方就一定需要他們，況且公司嘗試新業務時，原本就有接受失敗的空間，只要發電機員工能夠持續帶來能源，他們就永遠有著存在的價值。然而，當公司快速朝向新事業發展時，螺絲釘員工若連原有的流程和業務都會出錯，那麼在老闆面前，這自然就是不可原諒的疏失！

螺絲釘上油為替換，發電機上油圖保養

說來有點淒涼，許多員工從老闆那裡領到，數額最大的一筆錢竟然就是資遣費。螺絲釘用途單一，在老闆心中只要覺得不生鏽、不鬆脫即可，基本上不用花費太多心力維護。直到某天，螺絲釘必須撤換，老闆們擔心釘子卡住、拔不下來，這時才有可能勉為其難地上點油來潤滑一下，目的無他，就是為了順利移除（勞基法對拔螺絲釘要上油有嚴格的規定：要付資遣費）。

而說到發電機卻正好相反，為了確保運作順暢，發揮最大的功率，主管多半會主動採用最好的燃料，並且定期保養（這部分完全出於企業主自願，不需要

任何法令）。而發電機型員工最「令人髮指」的行徑就是，薪資福利硬是比一般的螺絲釘要來得高，同時，他們對老闆提出的種種要求，往往也能獲得更多正面的回應。我不認為所有老闆都對發電機員工有著個人偏好，真正現實的點在於，發電機員工能為老闆帶來他們想要的價值（也就是知覺價值級數高），老闆算盤打得精，只需花點小錢做保養，便能獲得更多的回饋，何樂而不為呢？而這些藏在心裡的盤算，正是多數憤恨不平的大小螺絲釘們所不能理解的！

螺絲釘是耗材，發電機是資產

螺絲釘除了規格統一之外，市面上現貨極多，只要上類似104的人力銀行網站，輸入規格、尺寸等資訊，就可以篩選出一大堆適合的產品。至於價格部分，只要符合基本的功能強度，自然是越便宜越能節省成本（能給22K，為何要給23K？反正效益都一樣）。若是公司組織改變、業務更新，反正螺絲釘就是消耗品，整台機械的構造都已改變了，那麼螺絲又怎能不汰換呢？

然而發電機則不同，通常會被公司視為資產。資產與耗材最大的差別之一是，除了有貼上資產標籤外，公司還會在資產上進行投資或升級，藉以延長使用壽命，但反觀螺絲釘因為是耗材，公司是不會對消耗品做這樣的事情的。或許有人要痛罵，資方用後即丟、不公不義，而他們也確實該罵，但畢竟大小眼實為人之常情，就像很多人會認真保養愛車，但卻未必會好好保養家裡的吸塵器一樣，人性嘛……

其實螺絲釘與發電機的比喻是兩個極端，在職場上，我們每個人或多或少都兼有兩者的影子。我們的專業有些僅針對特定的公司與產業，但我們通常也有一些跨領域的能力，讓我們縱使脫離現有的職位也能找到出路。如果一個人的能力越接近發電機，那就代表這個人越能獨立運作，越接近職場知覺價值的上層。這時不論他想創業當老闆或是繼續當個上班族，通常也是手握較多籌碼的那一方，這是無庸置疑的。

以下提供一個自我檢核表，建議你測驗看看自己在職場的角色光譜上，比較傾向是一顆螺絲釘或一台發電機。如果你自覺很貼近螺絲釘的角色，或許你真的應該好好重新檢討一下自己的職涯定位和方向了。

	螺絲釘	Versus					發電機
1	我從進公司後就沒學過新的專業技能。	1	2	3	4	5	我每年都會增加新的專業技能，雖然未必與業務有關。
2	放眼望去，目前的薪資、工作內容和穩定度對我來說已是最佳選擇。	1	2	3	4	5	我要是離開現職，其實還有一些不錯的機會等著我去嘗試。
3	這個產業範圍太大，我只清楚自己負責的部分。	1	2	3	4	5	我可以清楚說出這個產業的遊戲規則，還有關鍵成功因子（Key Success Factors）。
4	我熟悉目前公司的業務，但其他同類公司是怎麼做的，我並不清楚。	1	2	3	4	5	同產業中其他公司的流程與優勢，我都有一定程度的涉獵。

5	除了例行工作外，我很少被上層委派專案或突發性的業務。	1	2	3	4	5	我時常被委以重任處理公司的特殊專案，或解決突發性的問題。
6	我很少與公司以外，甚至部門以外的人有業務上的接觸。	1	2	3	4	5	我時常與部門或公司以外的人有業務上的接觸。
7	我的工作內容中，絕大部分有標準的SOP。	1	2	3	4	5	我的工作內容中，極少部分有標準的SOP。
8	近兩年來，我經手的業務沒怎麼改變過。	1	2	3	4	5	近兩年來我經手的業務都不同，有從中獲得歷練。
9	和我接觸最多的幾位同事都是同一群人，我們都有相似的學經歷與背景。	1	2	3	4	5	我周圍的同事各種背景經歷皆有，而且不總是同一群人。
10	相對於其他部門或同事，我（們）很少爭取到額外的資源。	1	2	3	4	5	我時常為了達成老闆的目的，去爭取並成功地獲得資源。
11	我覺得公司對我有一定的責任，這些年我沒有功勞，至少也有苦勞吧！	1	2	3	4	5	我常觀察公司的領導與決策方向，和我的職涯目標是否相符，並藉此衡量後續的合作。

12	我的工作很少和人類溝通。	1	2	3	4	5	我的工作非常需要溝通。
13	我常覺得高層的決策很豬頭，也很不公平，實在不知道這些人怎麼想的！	1	2	3	4	5	我常思考高層這些決策背後的原因和意圖？而且越來越能預測他們對事情的看法。
14	我為公司付出了那麼多時間和精力，公司理當給予我肯定。	1	2	3	4	5	我常思考自己的工作到底是不是老闆真正在意的？是否真的對公司有價值？

說明：

檢視以上每個問題，若左側比較符合你的真實想法，就選1；如果右側比較貼近，就選5；若介於中間就選3，以此類推。分數累加後，中間值是42分，比42低越多就代表越接近螺絲釘的狀態，比42高越多就代表你是更強力的發電機，恭喜！

規劃策略⑱

小心！別讓上班族思維綁架了你……

在這一章的倒數第二篇，我們想談談關於Lv11所需的「領導與經營力」。

在此要特別說明的是，領導與經營力並不表示你一定得拉著你的戰鬥單位獨立去外面創業。在這時代，創業其實更像是一個生存概念——你的團隊能從頭到尾創造出符合市場需要的商品或服務，並能靠自己的把這東西販賣出去取得資金，這都是一種廣義的創業，也可能是在公司中營運一個獨立的直營店面或事業單位（Business Unit）。

當然，只要你願意，你也可以與你的戰鬥單位成立自己的新創公司。但無論是哪一種模式，你都需要領導與經營力，也都需要對廣義的創業概念有些了解，但更重要的是，你必須從上班族思維做根本上的轉換……

我們自己創業至今是第七個年頭。一開始，僅是熱血的想做些台灣沒有，但我們想做的事情，然而現在回想起來，這念頭實在是有些天真。好在靠著過程中不斷修正，雖然一路上不免有些摸索也犯過很多小錯，但在小心謹慎地經營下，幸好並未碰上什麼大的問題，也就一路走到現在。

根據我們自身的經驗，我覺得創業這件事其實沒有很多人以為的這麼可怕，雖然過程中是必須得小心謹慎的執行與思考——財務控制要做，不要孤注一擲、還有市場資訊的接收與搭配調整也很重要，但要把這些做好其實都不需要多特殊的才能。

當然，過程中，我們發現自己有很多知識是要不斷學習與追趕的（大部分就是我們自己寫在這本書Lv1～Lv11的內容），可是只要願意投入時間，這些絕對都是一般人也能學得會的東西。以目前的環境而言，一個最小戰鬥單位只需要平均能力稍微高於平均值（Above Average），應該就可以在社會上存活下來。因為創業並沒有一定要像賈伯斯或是比爾蓋茲那樣的天才，也沒有一定要有什麼前人從來沒做過的絕妙點子；只要你願意把一件已經存在的事情做得比別人好一些，找到一個市場有需求可是還不滿意的既有商業模式，那都可以讓你在社會上存活。雖然這樣未必能因此致富，但最少絕對不會餓死的。

揣摩上意負擔沉重，職員壓力不容小覷

大部分人其實不是沒有這樣的能力，而僅僅只是不敢；或也不能說是不敢，

而是心力常常放在不一樣層面的思考上。比方說我周圍認識很多朋友，或是我們的網友、讀友，其中絕大部分的人，我覺得他們在「綜合能力」上都比我們兩人強大的多。這真的不是客氣！因為要在一個複雜的大公司或大組織中長期存活下去，其實背後需要堅毅、智慧、政治謀略、人脈經營更要揣摩老闆心意，這些能力與投入的努力絕對不比出來社會創業來的容易（看看《半澤直樹》或是《甄環傳》就知道）。上班族每天兢兢業業的害怕犯錯，這過程中承擔的心理壓力也是很重的，所以我不會說創業很簡單，但相對於要當一個好的上班族，兩者難度其實是很接近了！

工作思維不妨轉彎，勇敢踏上創業之路

創業跟上班族唯一要說有什麼差異，就在於面對同一個情境時，思考點會不太相同。

比方說，看到某個商業機會，有創業精神的人會覺得「如果沒花多少錢，賠了也還能承擔」就會想試試看。了不起就是看錯了，最多就改一改或是撤回來就是。可是在公司當小主管的人，往往就會考慮很多政治因素。畢竟公司會怕員工犯錯，員工也往往會極力小心避免犯錯。就算是小錯，內部檢討起來，從被責罵到從此冰凍都有可能。可是創業者的人生剛好相反，基本上就是不斷的在犯錯、修正錯誤，然後發現那裡又有錯誤，又不斷修正的過程。

所以如果我們大家願意轉換腦袋的話，其實人人都可以當創業家的。但反過來說，如果是持續抱著上班族的思考方式離職創業，那反倒有可能會碰到一些困難。我自己看過很多在大企業中升到處長、副總，因為理念或是升不上去，便一怒之下出來自立門戶。他們自立門戶時並不是抱持著創業者意識，反倒是把在大公司的思維模式一股腦地搬出來。可是他們常常沒有意識到，當自己是個企業主時，大公司的主管經驗其實不能完全複製。大公司主管的經驗很多時候甚至是有害的，或是只有在一定規模的公司才有用的。若沒有這樣的意識，自己的公司就會暴露在很高的風險之中的。

總而言之，我把一些上班族跟創業者在思考上常有明確差異的地方在下表中列出來，大家可以參考參考，也可以看看自己的思維到底是偏左還是偏右。附帶提醒的是，我並沒有要鼓勵人人都跳出來創業，只是如果你在午夜夢迴，覺得人生似乎隱約有些遺憾，那你可以透過這張圖看看你自己在思維面的完成度。

	狀況	**創業者該有的思維**	**上班族會有的思維**
1	思考客戶時	人人都是你的老闆。	只專心考慮一兩個人的需求。
2	規劃工作時	自己得不斷想接下來的好幾步。	等人交辦任務。交辦任務做完再等下一個指示。沒有指示就可以稍微放鬆、閒閒沒事。

3	看待工作時	就算沒有產出，時時保持思考很重要。	花時間做些老闆會看到的事情。老闆不在時，多留些時間給自己。
4	面對可能犯錯時	勇於犯錯、改正就好。有冒險的傾向。	千萬別犯錯。寧可無功、不要有錯。有打安全牌的傾向。
5	思考組織經營時	如何結合盟友，擴大整合。	盡量佔據資源，組織中的資源擁有代表實力。
6	時間配置時	多花時間思考。	多花時間做事。
7	報酬考量時	東西若沒人要，自己花多少時間都只好算了。	我付出時間就該拿到多少錢。（不管產出結果如何）
8	報酬不如預期時	東西賣不掉，只好改善產品知覺價值或是調整市場定位。	工作我都有做，錢怎麼能少了我的？覺得老闆好不公平。
9	面對競爭時	別人要什麼？要嘗試提供什麼價值給市場？能怎麼去達成，需要整合什麼？	我能做什麼？我會什麼？我擅長什麼？我該去考什麼證照？

10	看到機會卻沒有資源時	思考，沒資源該怎麼解決。（錢從哪裡來）	沒資源，沒辦法進行。等上面給資源。機會就只好算了。
11	規劃方案時	成本與效益的實際平衡最重要。盡量不要讓規劃鍍金……	為求達到績效，盡量多申請成本。成本與效益的試算表內容最重要。事情一定要盡善盡美。
12	執行計劃時	有時候得機動調整。實驗所獲得的經驗與回饋有時候更重要。	會花太多心力在未必重要的細節上。

規劃策略⑲

天作之合難尋？Tone調對了就行

在本章最後一篇文章，我們想談談關於籌組最小戰鬥單位的一些思考，畢竟自我訓練容易，Lv1～Lv11所列的這些知識都是市面上有辦法學到的，但會讓很多人為難的，恐怕是怎麼挑選「最小戰鬥單位」的團員。

畢竟我們都想找厲害的夥伴，可是到底怎麼才算是厲害的夥伴？關鍵在於技術？還是配合度高？是積極有衝勁？還是要認識多年很有默契？

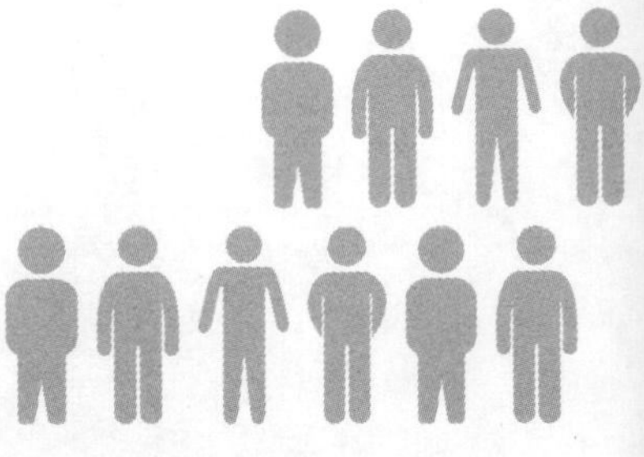

事實上，最重要的恐怕還是彼此是否產生一加一大於二的綜效？還是會在組團之後紛爭不斷而彼此牽制住？在這最後一篇中，我們提供大家兩個尋覓夥伴的原則，希望能對大家有些啟發……

記得之前我們有次去演講，談了關於Startup、商業模式尋找、事業經營、上班族的創業心理建設等等的議題。跟聽眾邊講邊討論，不知不覺就度過了愉快的三個小時。演講最後，有位美麗的小姐問了我們一個問題：「創業總是不免需要找尋夥伴搭檔，兩位有沒有什麼建議？」

這真是個好問題，畢竟經營不可能單打獨鬥，總是需要找人一起。可是夥伴不對，又常常是創業與經營失敗的主因之一！雖然我的看法未必是標準答案，不過自己這麼營運幾年，加上也在一旁親眼看過幾個創業（或經營）團隊，總算有點小小的心得。

我的看法是，適合一起創業或一起經營事業體的夥伴，大概要能符合兩個要素：

1. 彼此要能互補。
2. 經營價值觀（或稱為戰略觀點）必須很接近。

謀合經營大共識，小節不妨暫拋卻

互補指的是你想爭取的夥伴，在能力上或是性格上必須要可以彼此補強。比方說你懂財務與管理、另一個夥伴懂技術、再有一個懂行銷，那就可以產生綜效。另一種互補，則可以是有人外向、有人內向；或有人能看大局，有人能注重細節；有人善於規劃，有人有耐心執行。但反之，如果一群人性格都類似、背景都相同，那可能只適合共同接一個技術專案，但未必適合一起經營一個公司。這句話我要特別說明一下，不適合一起經營公司的意思是說，初期的產品探索有可能是幾個同質性高的人一起；但要把事業做大，不可避免你要找到其他人來互補。事實上，這本書中貫穿的三個關鍵特質，正是你要經營一間公司或是營運一個事業單位或利潤中心，一定要在夥伴身上看到的能力。

另外，互補並不是要你去找性格上完全不同的人，所以這就是我們要提出的第二點：創業團隊彼此對於大戰略的觀點必須一致，而且這要素很多時候比第一點還更重要！

比方說團隊必須對於投資或風險的看法要類似，對於目標與願景的看法也要相近。若是其中幾個人想要上市上櫃，另外幾個人卻覺得畢生願望只是想做個街角小店；或是有幾人覺得想自創品牌，另外幾人覺得我們靠接代工維生就好；甚至是有人很重管理與標準化，但另外一派覺得船到橋頭自然直……，無論你們遇上的是哪種組合，都可以肯定這種結合不用多久，兩邊必然就會吵吵鬧鬧的。

但如果創業夥伴們能在「戰略觀點一致」，在「戰術手法」上又可以充分理性的討論，那這團隊就很容易凝聚了！尤其如果大家還各有專才、彼此溝通能力又不差，就必然可以在各自的領域充分發展，更能確保團隊的多元性以及創意性。

價值觀若喬不攏，合作破局機率大

不過，大部分人在找創業夥伴時，常常直覺以為最重要的是「親密感」或是「信任度」，所以很多想創業的人，立刻想找的會是好朋友或是親人。

確實，好朋友或是親人在情感上與我們較親密，我們也通常會更信任他們。可是這並不表示彼此在各面向的價值觀上是完全相同的，而價值觀的差異，往往是很多事業破局的關鍵。

有人會說：「我跟我這個朋友真的很多喜好都類似」或是「我跟我表哥真的很有默契」。但我要提醒的是，生活上或許價值觀接近，但這不表示做生意的價值觀也一樣。別的不說，一起長途旅行就不是所有老朋友都能一起做的事情。我有認識那種彼此是幾十年的好朋友，卻因為某次長途旅行而大吵一架後再也不見面的。因為透過一起旅行，雙方這才發現彼此對生活中的許多大小事觀點都不同。而且，就算是再要好的朋友，也未必能一起談論時局，試看之前因為學運，臉書上的好友互刪潮，不就是一個活生生的例子嗎？所以不能只因為我們跟某人一起長大或是生活喜好接近，就以為也能一起創業，就算政治、宗教、生活觀點都相同的人，經營價值觀可能還是大不同。

所以要讓創業順利，選搭檔時，經營的價值觀還有理念，請記得要再三確認。

建議正式投入大筆資金與時間之前，幾個人好好談談彼此的理念、對於將來目標的看法（看大家是想成為鴻海還是蘋果；想快快 IPO 還是要自己長期經營等）、對於產品的執著程度、商業模式的看法、對於工作分工的看法、對於資源分配的看法、以及對於獲利後錢要怎麼用的看法！甚至在正式合作前，大家先共同試著合作一、兩個小案子，也是有所幫助的。

看到這邊，也有人或許會問：「你說的沒錯，親人也未必有相同的價值觀，可是只有兄弟姊妹或是老朋友才能彼此信任啊？」我倒覺得信任真的不比價值觀更重要。（當然，前提是你絕對不該去找你完全無法信任的人合作。）因為我的觀念是：價值觀幾乎很難扭轉，但信任反而還有機會可以透過合約或是制度規範來處理。你看上市公司，經營團隊也都不是親朋好友，還不是也能順利運作？

所以，請把「才能互補」但卻能在「大方向想法相近」，這兩個條件當成選擇夥伴的主要依據吧！若你的最小戰鬥單位的夥伴都能具備這兩個條件，那你們的合作就會牢不可破且連結緊密！

輯四

迎向未來

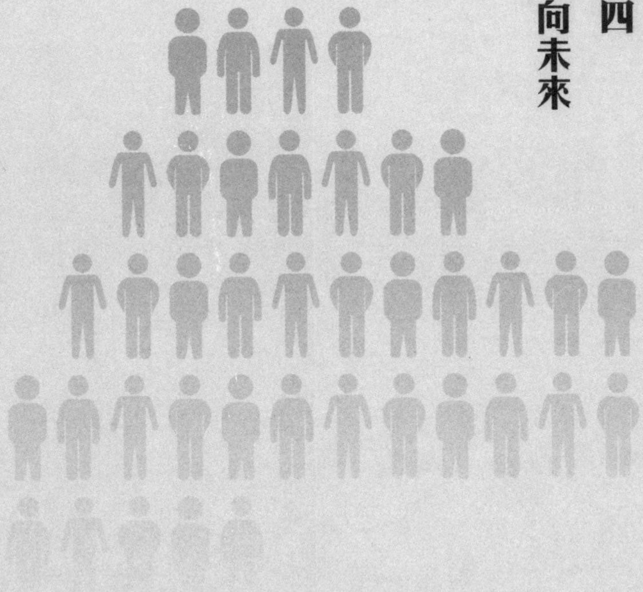

農業時代的這三個角色之所以又會抬頭，在於他們不是大型組織中不起眼的螺絲釘，而是有辦法靠一己之力做出產品，滿足市場，或是讓複雜事情順利完成的專家。

一旦你也有從頭到尾解決問題的能力，那麼你就會走上一條新的道路。你會有更敏銳的市場感知力，會有更高的創造力，可以帶領一群跟你一樣能夠獨立運作的專業人士，共同開創新天地。

在舊世界崩壞前，我們得靠自己的力量重新建立屬於我們的新時代，而這三項特質，將是扎根的重要關鍵！

全新遊戲即將啟動，你充飽電了嗎？

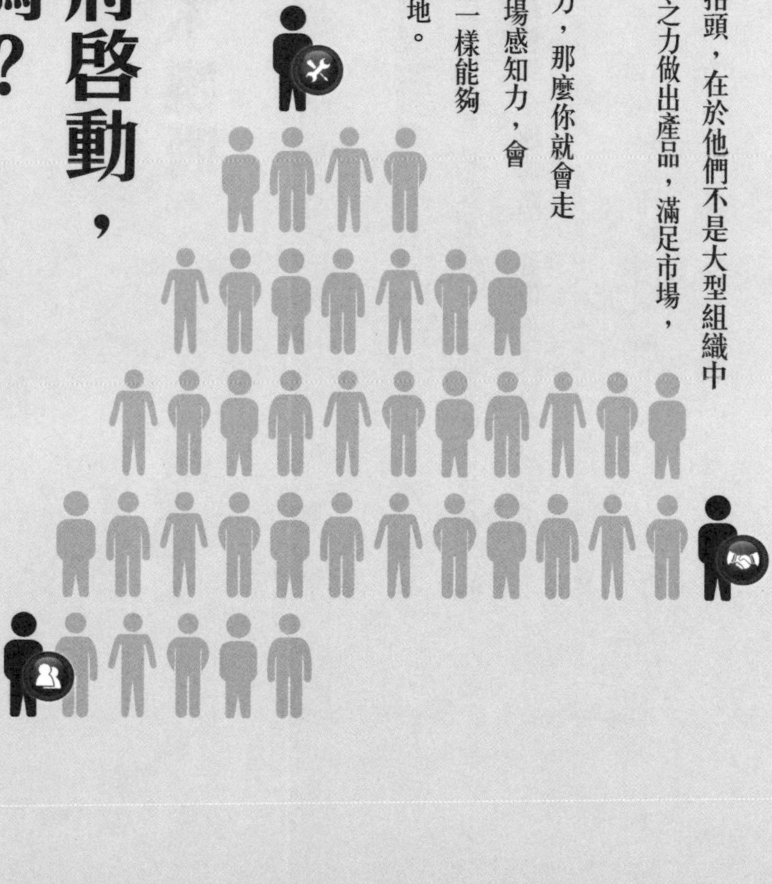

迎向未來❶

白手起家，永遠不嫌晚

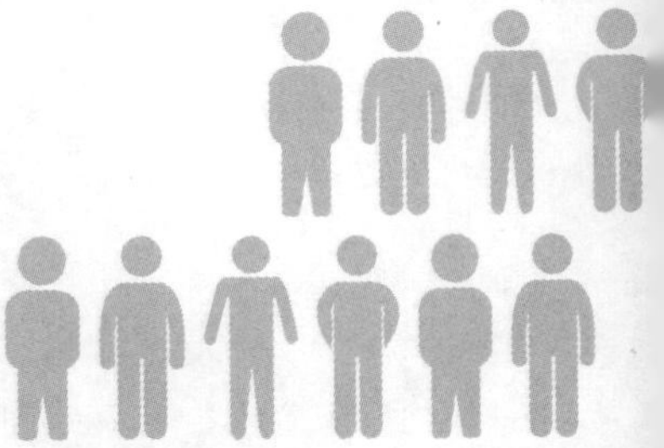

進入已開發國家後，年輕人最常見的問題恐怕就是「不知道自己還能追尋什麼？」因為觸目所及，能開發的似乎都已經開發了，能發明的也似乎也都已被發明出來了，甚至是父母親曾經走過的路，好像也沒這麼吸引人……

在我們父母親那一個世代，當時整體社會處在建設初期，加上高階人力不足，所以最普遍的路，就是他們習慣教導我們的口頭禪：「好好讀書，未來進入大公司上班」。而且也因為確實欠缺高階人力，一旦進入大公司之後，只要不犯錯、稱職地工作，最後總能夠獲得不錯的回報。像是從二十幾歲的年輕菜鳥做到六十幾歲的高階主管，其實是相當常見的職涯模式。

可惜，當經濟發展過了高峰期後，想要進入大公司慢慢熬到退休並且爬上高位，一切開始變得非常困難。這條存在已久的高速公路，開始變成一個塞滿汽車卻又面臨地層下陷的巨大停車場。除非已經接近交流道出口，否則就得有更高超的能力，才能在這條路上撐到最後。

這也是為何年輕人普遍惶恐不安的緣故，因為既有的道路已經看不到明確的未來。那麼，既有的路既然已走不通了，那麼何不自己開路前進呢？可是我相信看到這邊，很多人一定又會酸溜溜地說：「這時代怎麼可能還有人會願意白手起家？我們既沒錢，國家也不會補助，機會早被那些大公司壟斷了，我們怎麼有能力跟他們競爭？」當然，如果心裡想的是要建立另一個台積電或鴻海集團，那麼我得承認我們這世代的人是不太容易再白手創造出一個新的製造業帝國。

可是若說毫無出路？那我又會覺得是否過度悲觀了。會覺得未來沒機會的人，多半是因為你一心只想在「健康步道」上找機會。但健康步道每天人來人往，當然不會有黃金可以撿。可是，若你願意稍微偏離一下「正道」，試著走走人煙罕至的小徑，機會其實還是有的喔！

逢低介入是王道，成就霸業不困難

最近買了一本《大人的科學：迷你電子積木》雜誌的中文版，書中有一個篇章正好在講電子積木的演進史。根據內容來看，這東西最早的原型是在一九六四年由一個叫做野尻孝的發明家所發明的。

一九六四年距離至今已快五十年了，所以未必人人對那時代都有概念。當時是東京第一次承辦奧運的時期。因為這場盛事，電視機逐漸在日本普及，電冰箱、洗衣機這類現在稱為「白色家電」的商品，也才開始進入一般家庭當中。若對年輕朋友來說很難想像的話，大家不妨看看這項數據：SONY的第一台電晶體收音機也是在一九五五年才開始面世（只比電子積木早九年上市）。在此之前，SONY這個國際品牌甚至還無人知曉，一九六四年可說是一個電晶體帶來電子革命的全盛時代。

野尻孝某一天就在想，如果我能弄一個商品，讓電晶體組成電路迴圈的實驗能很簡單的像拼積木一樣達成，這一來可以方便小朋友學習電學知識，另一方面也或許這可以變成一個新的事業！所以他經歷了幾次嘗試後發明了電子積木這玩意，並在一九六五年申請專利，然後成立「電子積木製造股份有限公司」來推廣業務。

從書中內容看來，野尻孝的公司也並非一帆風順，中間也經過很多掙扎。但最少從一九六五年到一九八〇年之間，他推出了各式的電子積木版本，最貴的一套售價將近一萬日圓，可是當時小朋友的高檔玩具。這個風潮持續到一九八〇年代中期，電視遊樂器問世，方才慢慢淡出市場……這就是一個走入沒有前人涉足小徑的最佳案例。

創新永遠不嫌晚，消費市場絕對公平

任何時代都有在發展成熟，領先成為霸主的龍頭企業，比方說在電子積木盛行的那個年代，在日本能夠端上檯面的龍頭企業恐怕是三菱集團。

三菱集團最早是由岩崎彌太郎在一八七三年（明治六年）成立的。一八七三年是日本明治維新的前後，彌太郎因為在維新政府之間的人脈很好，所以三菱得到非常多的資源。而後又因為政商關係良好，公司發展越來越茁壯，進入二十世紀後，已然是日本重工業的霸主。旗下企業除了涉足重工業、海運、炭業、銀行、造船及化學相關領域以外，就連二次世界大戰日本知名的零式戰鬥機也是出自於他們之手。

所以在一九六〇年，當時的年輕人可能也在想「除非再來一次明治維新，不然誰還打得過三菱？沒有政商關係，我們年輕人應該永遠也別想在日本經營企業」。

對，三菱的地位或許已然無法撼動，也確實不可能再有年輕人得以靠一己之力建立一個「重工」帝國。可是創業並非在學校考試，你不用打垮每個人才能存活；只要你願意去嘗試別人沒做過的東西，都有可能在創業領域佔有一席之地。這當然有可能很大，也可能很小，像野尻孝便在電晶體時代做了創新的生意。而事實上，今日的家電霸主SONY，也是一九五五年靠著電晶體收音機而逐步成就了今天的霸業。

這類的例子其實還很多。一九九〇年前後，當家電霸主開始林立並不可動搖時，又有小夥子從車庫中開發出如Mac以及Windows之類的產品。歷經十數年的努力，他們也成為新領域的霸主。等到Windows成為一方霸主，一般人很難撼動PC和OS市場時，又有馬克．祖柏格（Mark Elliot Zuckerberg）、賴利．佩吉（Larry Page）這類人靠著網路與社群建立新的產業及影響力。換言之，每個時代總有前一個時代的霸主，你要在成熟的環境中挑戰他們，確實有難度，可是不表示別的地方就再也沒機會了。

自己開創機會，成功近在眼前

事實上，每個時代的成功族群，總是那些想辦法找出一條前人沒有走過道路的新團隊。過往成功的道路，也常會隨著時間演進而越來越崎嶇難行。比方說，在鐵路汽車興起後，還有誰會願意騎馬呢？在前面的篇幅中，我們曾提及加州淘金熱的故事。真正靠淘金致富的，都是在當地還一片荒蕪時隻身前往的冒險者。等到已有一堆人從金礦中致富、等鐵路與市集也已成形之際才要踏入冒險的人，往往已經很難找到真正的黃金了。

只是待淘金者全部擠進小鎮中，我們這些後來者的人生就此完蛋了嗎？那其實倒也未必。想挖石油卻失敗的希爾頓就是好例子。他想到德州挖石油，結果到了當地發現石油開採沒有這麼簡單，加上後來者已難有發展。可是他發現，當時想探油者還是如過江之鯽，探油小鎮的旅館供不應求，所以他轉而買下旅館，好好經營並在服務上做出差異與好口碑，反而因此創造了另一個新事業高峰。

所以，我們不需要有生不逢時的抱怨，因為每個世代，其實都有那個世代的包袱，也必然有那個時代獨有的機會；過往成功的路，只是因為別人披荊斬棘走了出來，我們如果有心，必然也有別的機會能讓我們脫穎而出。

但最重要的是，我們得有這樣的認知，並在心態上保持正面並懷抱野心，而非只是自怨自艾或怨天尤人。如果想在社會上成功，我們得不斷想辦法找出過往沒人走過的路，我們必須絞盡腦汁找出新的需求、新的社會慾望，然後靠我們的力量去滿足。

這個方向雖然艱困，沒有前例可以模仿，可能讓你每天睡不著覺，但總是有機會成功的。人最怕的是不願嘗試走新路，只會一面抱怨世界、一面眼紅於別人已經走出的路，繼續跟隨其後，但卻沒注意到那條路隨著時代變革，路面已經腐朽下沉。默默排隊下，最後很可能像加州淘金熱發展到極致才去的那票人一樣，真能挖的金礦早已所剩無幾。

可能每天從早忙到晚在河中淘洗了半天，但除了砂礫以外，河中已沒有什麼東西留下了……

迎向未來❷

預測熱門產業？不如掛上個人「招牌」！

人生旅程很像股市投資，股市投入的是錢，人生投入的是青春與生命。有人喜歡追逐明牌，當個隨波逐流的投機者，當然也有人穩紮穩打，看準目標後便持續累積，不同的選擇之下，自然也有不同的結果。

話說一九一一年滿清皇朝被推翻，中華民國剛成立之際，革命黨人對於怎麼處理這個前朝的權力象徵：「北京皇城」特別有興趣。某些激進派人士認為這

些城牆、城門都是「封建思想的餘毒」，既然已經進入民主共和時代，那就應該盡量剷除或改建。當然凡事都有另一面，所以持反對意見的聲音也不小，認為這些建築代表的是傳統文化資產，拆掉極為可惜。但另一方面，你知道這些城牆有多巨大嗎？在當時內憂外患、百廢待舉的時刻，最好是有這個閒錢跟閒功夫來拆城牆啦！

不過爭論歸爭論，大家對某件事情倒是有共識：那就是位於天安門南面的那個城門是一定要處理一下的，那就是號稱國門的「大清門」。（端看城門名字本身就足以說明了原因！）為什麼北京城門這麼多，這個「大清門」會被稱做是「國門」呢？原因便在於大清門的位置剛好是北京皇城（皇家居住地方，紫禁城被包覆在其中）與內城（市井百姓活動的地方）的銜接點，而且它地處於中軸線的南側，傳統上南方為貴，故而有國門的美稱。上網查看《維基百科》的說法：清朝皇帝大婚時，只有皇后的轎子才能由大清門直入紫禁城，像電視劇中甄環這樣的嬪妃小主兒還只能由後門神武門進入，此門的重要性，可見一斑。

好了，終於到了該給它好好處理一下的時候了！一九一二年十月九日，也就是歷史上第一次中華民國國慶日前夕，雖然隔天放假，但還是有一群人在大清門下忙東忙西，至於忙啥呢？就是忙著換門牌，得把這「大清門」換成「中華門」才行，因為明天可是中華民國的一歲生日啊！原本這「大清門」的門匾是青金石雕琢而成，所費不貲，丟了可惜（其實是沒錢買新的），所以當局決定把門匾拆下來，翻個面，重新刻上「中華門」三個字就搞定了，真可說是方便美觀又省錢，但是門匾摘下來後，翻開一看，大家當場傻眼，上面竟然寫著……「大明門」三個字！

歷史總在不斷重演，興衰互見

搞了半天，二百多年前滿清滅了明朝入主皇城，就已經做過一樣的事情。這門匾就像再生紙一樣兩面都用過了，沒搞頭了！大家只好連夜趕製一塊中華門的木匾掛上去。（我看直接裝 LED 跑馬燈比較快喔！）

大家想去北京看看這「中華門」嗎？來不及了，一九五四年這門在擴建天安門廣場的時候拆掉了，一九七六年原址修建了毛主席紀念堂。至於那塊一面是「大明門」一面是「大清門」的石匾倒是還在，目前存放在北京的首都博物館內供人參觀。不管叫大明門、大清門還是中華門，總之現在只剩下門匾，雖然門樓早已灰飛煙滅，但這扇被人任意改來改去的北京「任意門」仍讓我頗有感觸。

前幾天在臉書上聽一位網友說，當年為了響應政府重點發展生技產業，所以進入了相關科系就讀，原以為畢業後便可搭上產業「順風車」，但後來發現根本就是職場「過山車」，起起伏伏，刺激無限！其實像這樣的例子你我都不陌生。話說前陣子的太陽能產業、LED照明產業，或是更早期的DRAM、LCD面板產業等都是如此。就像這扇「大清門」一樣，政治正確（或當紅）的東西固然能夠集三千寵愛於一身，但相對的，也要有第一個被汰換掉的心理準備。

自己選擇未來，人云亦云大可免了

在校園演講的時候，大學生經常會問一個我個人不太喜歡的問題：「老師，您覺得現在投身哪個產業最好？」當然，這問題本身沒有錯，只是他們的問法似乎把我當成股市名師，希望我能夠報個名牌，讓他們能夠明天一開盤就掛單買進，等著坐收成果！老實說，這種速成的職場諮詢服務，去行天宮的地下道找人卜卦可能還快一些：龜殼卜卦、米卦或是請小鳥抽籤，不但快速得到答案，至少還有不少視覺樂趣！

大明門也好，大清門也罷，這招牌至少都還掛在半空中超過百年，現代產業的改朝換代可是快速多了！假設有位年方二十四歲的碩士生在二〇〇七年畢業，剛好遇到了科技業的一件大事：蘋果的賈伯斯在一月首度發表智慧型手機 iPhone，這位同學意識到這玩意兒絕對是未來的當紅炸子雞（這點無庸置疑），於是他決定投身相關的產業。算算到今年二〇一四年總共六年時間，他也正好滿三十歲，假設中間不用當兵、不延畢，照理說也該升上個小主管，這時妻子、房子、車子、孩子可能都有了，正是需要用錢的時候，但走到街上，智慧型手機已經人手一支，規格不賴的紅米機竟然四千元就可買到，簡直是當年 iPhone 的零頭，連老賈自己也都轉去別的國度服務了，除非這位同學能順利轉換到下個當紅產業，否則職涯的高點恐怕近在眼前，下一步該何去何從呢？

上述這位同學還是在運氣好的狀況下賭對了產業，但更多的人若是賭在太陽能、LCD面板等產業上，加加減減連續六年的榮景都沒享受到，那這又該怎麼說呢？

不競逐金錢遊戲，個人品牌歷久不衰

在職場上，我們這個世代面對了人類歷史上前所未有的一個現象，那就是產業的生命週期首次短於人類的生命週期。以前祖孫三代可能從事同一個產業，但現在每個人一生中可以看盡數個產業的潮起潮落。對於以前的人來說，選對一個上升中的產業或許是職場中最重要的一個決定，因為選對了，入行到退休一生都有保障，但到了現在，就算選對了產業，那可能也是暫時性的，搞不好沒幾年又要再重新面臨新選擇，可以篤定的是，除非你是賭神，否則幾乎不可能永遠待在當紅產業直到退休。

那該怎麼辦呢？我的看法是根本不要去猜測「當紅產業」這檔事，畢竟那定義是抽象的、暫時的，若放大到你的整個人生來看，根本不是那麼重要！你的人生很寶貴，不該用來「填補」某個當紅產業，反倒是你該多了解自己，長達四十多年的工作生命，想要選擇哪些事情來填補自己的需求。例如：

能讓你從中獲得成就感的事情？

能喚起你創作靈感的事情？

你覺得自己非常擅長的事情？

你覺得非常有意義的事情？

讓你覺得樂此不疲的事情？

當學生要我報「當紅產業名牌」時，我總是告訴學生，只要覺得有趣的工作就去勇敢嘗試，並且從嘗試的過程中收集情報。什麼情報？其實就是手上的工作是否符合上述幾點：為你帶來成就感、創作靈感，呼應你的專長，帶來意義與樂趣等等，如果沒有，那就轉換跑道繼續嘗試吧。過程中難免會覺得不安，尤其看到進入當紅產業的同學們薪水比你多，開的車子比你好，但只要堅守策略，朝自己的熱情持續累積實力，就如同長期投資體質堅強的公司一樣，短期獲利或許未必很高，但時間一旦拉長，絕對會比短線進出的投機者收益更大。

不要一味追逐當紅產業，而該專注在最有熱情的領域，逐步累積個人知覺價值；不要太過在意熱門職缺，而該了解自己的優勢與特質，朝向工匠、總管與行腳商人的獨立之路邁進。

只要堅持下去，很快地，你將找到志同道合的夥伴，組成最強戰鬥單位，與你個人的招牌一起發光發熱。

這就是我們建議的策略。加油！

優講堂 001

3年後，你的工作還在嗎？

——掌握關鍵職能，迎向工匠、總管與行腳商人的時代

作　　者——姚詩豪、張國洋
主　　編——陳秀娟
特約編輯——林憶純
美術設計和內文版型——葉若蒂
校　　對——姚詩豪、張國洋、陳秀娟、林憶純、張秀雲
行銷企劃——塗幸儀

編輯部總監——梁芳春
董 事 長——趙政岷
出 版 者——時報文化出版企業股份有限公司
108019 台北市和平西路三段二四〇號七樓
發 行 專 線—（〇二）二三〇六—六八四二
讀者服務專線— 〇八〇〇—二三一—七〇五
（〇二）二三〇四—七一〇三
讀者服務傳真—（〇二）二三〇四—六八五八
郵　　撥— 一九三四四七二四時報文化出版公司
信　　箱— 一〇八九九臺北華江橋郵局第九九信箱
時報悅讀網—http://www.readingtimes.com.tw
電子郵件信箱—yoho@readingtimes.com.tw

法 律 顧 問— 理律法律事務所　陳長文律師、李念祖律師
印　　刷— 勁達印刷有限公司
初 版 一 刷— 二〇一四年七月十一日
初版十一刷— 二〇二一年十一月二十九日
定　　價— 新台幣三五〇元
（缺頁或破損的書，請寄回更換）

時報文化出版公司成立於一九七五年，
並於一九九九年股票上櫃公開發行，於二〇〇八年脫離中時集團非屬旺中，
以「尊重智慧與創意的文化事業」為信念。

3年後,你的工作還在嗎?——掌握關鍵職能,迎向工匠、總管與行腳商人的時代/ 姚詩豪, 張國洋作. -- 初版. -- 臺北市 : 時報文化, 2014.07
面；　公分
ISBN 978-957-13-6012-6(平裝)

1. 職場成功法

494.35　　103011865

優活線 Unique Life

ISBN 978-957-13-6012-6
Printed in Taiwan